ソース・
たれ・ドレッシング・
合わせ調味料

201道
酱汁
及其料理

日本柴田书店　编

李卉　译

日本名厨私房酱料

201

＋

法国、意大利、日本、韩国
中国、泰国、越南料理

201

中国轻工业出版社

浇拌在料理上或是烹饪过程中使用的热菜酱汁、冷菜酱汁、调料汁和混合调料，是决定一道料理风味的关键要素。每家餐厅都会在酱料调配上下足功夫，但是考虑到现实因素，也不可能将时间和成本都花费在酱料上。尽可能地使用常见的调料和食材，花费最少的时间，做出最受食客喜爱的口味，是最为理想的方式。相信许多餐厅都需要了解更多的用途广泛而应季的"实用"酱料配方。因此，本书特地邀请了八位不同菜系的主厨，为大家介绍种类丰富的实用酱料以及搭配的料理。

　　真诚地希望本书能为餐厅、酒吧、居酒屋、咖啡厅等餐饮业从业者及所有烹饪爱好者提供参考与帮助。

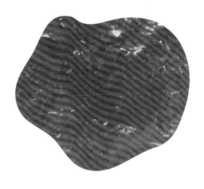

阅读须知

- 酱料名称旁列有推荐搭配的料理、食材（●）与保质期（●）。保存期限是店铺保存环境下的期限，仅供参考。
- 本书中的 1 杯为 200ml，1 大勺为 15ml，1 小勺为 5ml。
- 黄油没有特别标注有盐时，均指无盐黄油。
- 酱油没有特别标注时，均指浓口酱油。
- 小牛高汤、法式高汤、酒香海鲜高汤、意式高汤、意式小牛骨高汤等使用日常偏爱的品种即可（可使用市售普通商品）。

目 录

法国、意大利酱汁及其料理

日本酱汁及其料理

中国、韩国、越南、泰国酱汁及其料理

摄影　海老原俊之

日文版设计　山本阳　官井佳奈（MT CREATIVE）

日本版编辑　长泽麻美

法国、意大利酱汁及其料理

| 酒类酱汁

红酒酱汁

古屋壮一

- ● 适合搭配牛排等食用。
- ● 冷藏可保存一周。

小牛高汤做底，可轻松调制出红酒酱汁。

材料
红葱末…1个的量
红酒…200ml
小牛高汤…300ml

1 将红酒与红葱末放入锅中煮干。
2 加入小牛高汤，煮至高汤浓缩至原来分量的1/2。

* 小牛高汤使用日常偏爱的市售品种即可。

◎ 红酒温泉蛋

材料
面包…1片
温泉鸡蛋…1个
红酒…适量
红酒酱汁…适量
培根条、蘑菇、小洋葱、色拉油…适量
粗磨胡椒、法国盐之花、欧芹末…各少量

1 面包烤一下。温泉蛋剥壳，在红酒中加热。
2 烤面包装盘，将步骤1的温泉蛋置于面包上，淋上热好的红酒
  酱汁，再摆上用色拉油煎好的培根条、蘑菇（切4等份）和小
  洋葱（对半切开）。在温泉蛋上撒粗磨胡椒、盐之花和欧芹末。

* 法国勃艮第的小餐馆料理。

马德拉酒酱汁

古屋壮一

● 适合搭配煎肥鹅肝或涂抹在蒸好的康吉鳗上，再用平底锅煎烤，做成照烧风味，也可涂抹于鱼白夹心派上食用。
● 冷藏可保存一周。

甜味酱汁，适合搭配本身味道浓厚的食材。

材料
马德拉酒…750ml
小牛高汤…200ml

1 将马德拉酒煮至浓缩剩下 1/3 左右的分量。
2 加入小牛高汤，煮至浓缩剩下 2/3 左右的分量。

◎ 煎肥鹅肝配马德拉酒酱

在肥鹅肝上撒盐和胡椒粉，用面粉裹好，在平底锅中煎烤后装盘。浇淋上热的马德拉酒酱汁，撒上粉红胡椒粒、红葱末和法国盐之花。

焦糖红酒酱汁

和知徹

● 适合搭配炒蔬菜与炖菜，也可搭配煎鱼，还可搭配意面和炒饭。
● 冷藏可保存两周。

用简单红酒酱汁（见P06）和焦糖制成，简单的牛骨烧汁风味酱汁。

材料
简单红酒酱汁…适量
*焦糖…两大勺

混合均匀。

*焦糖：砂糖 200g 在平锅中小火熬焦，缓缓加入 100ml 温水，再加入 100g 砂糖，熬至砂糖溶化即可。

◎ 煎鸭胸肉

在鸭肉上撒盐和胡椒粉，用橄榄油煎熟后切片装盘，淋上焦糖红酒酱汁，再撒上粗磨胡椒与岩盐。

浓红酒酱汁

有马邦明

● 适合搭配烤肉。
● 冷藏可保存一周。

不加水的浓厚酱汁，也可使用马尔萨拉酒、雪莉酒等做出变化。

材料
鸭骨（也可使用小羊骨等）…两只的量
香味蔬菜
　洋葱薄片…1个的量
　大葱薄片…1根的量
　胡萝卜薄片…1根的量
　欧芹…适量
　白萝卜皮…适量
红酒…800~1200ml
意式高汤（淡口）…少量

1　将鸭骨、香味蔬菜和红酒慢火煮。水分减少后，
　　加入意式高汤。
2　将步骤 1 中的汤汁煮至原来的 1/5 左右，滤渣。

◎ 烤鸭配浓红酒酱汁

材料
烤鸭肉…适量
浓红酒酱汁…适量
盐、胡椒粉…各适量
山葡萄…适量
菠菜…适量

1　在鸭肉上撒盐和胡椒粉，用平底锅煎好，再放入
　　200℃的烤箱中烤制两三分钟。
2　将步骤 1 中的鸭肉取出备用，向锅里剩余的煎汁
　　中加入浓红酒酱汁慢熬，再加入山葡萄加热片刻。
3　菠菜用盐水煮一下，捞出沥干水分，铺在盘内，鸭
　　肉切成适口大小装盘，淋上步骤 2 中的酱汁。

淡红酒酱汁

有马邦明

● 适合搭配意式肉汁烩饭和炖菜，涂在鳗鱼或康吉鳗上煎烤，也可作为炸肉排酱汁。
● 冷藏可保存一周。

加水制作的淡红酒酱汁。

材料

鸭骨（也可使用小羊骨等）…两只的量
香味蔬菜
　洋葱薄片…1个的量
　大葱薄片…1根的量
　胡萝卜薄片…1根的量
　欧芹…适量
　白萝卜皮…适量
红酒…200ml

1 鸭骨和香味蔬菜加入红酒和0.6~1L水慢火煮。（沸腾后小火煮两三小时）。
2 待汤入味后滤渣。

◎ 炸牛排

材料

2cm厚牛排…适量
*香草面包粉…适量

盐、胡椒粉、面粉、鸡蛋、橄榄油…各适量
淡红酒酱汁…适量

*香草面包粉：将面包粉同大蒜、牛至、迷迭香、
　欧芹末、肉豆蔻、帕尔玛奶酪碎混合。

1 在牛肉上撒盐和胡椒粉，在平底锅中轻微煎烤片刻后，待凉备用。
2 将步骤1中的牛肉依次裹上面粉、蛋液和香草面包粉。
3 牛排用约0.5cm深的橄榄油小火煎炸。八成熟后翻面继续煎炸。
4 装盘后淋上酢橘果汁（分量外），撒上酢橘皮碎（分量外），并用调制好的桃肉（分量外）装饰，最后浇淋上淡红酒酱汁。

海鳗红酒酱汁

● 除海鳗料理外，还很适合搭配鳗鱼、康吉鳗等肥美的鱼类。
● 冷藏可保存一周。

加入海鳗骨熬制，浓缩海鳗香味。可与内脏一起煮，也可溶入捣碎的内脏。

材料
淡红酒酱汁（见P04）…适量
海鳗脊骨与头…适量
盐…适量

1 煎制海鳗脊骨与头，加盐。
2 淡红酒酱汁加一倍量的水，加入步骤1中的食材慢火熬煮，至海鳗的胶质溶入汤中，酱汁浓稠后滤渣。

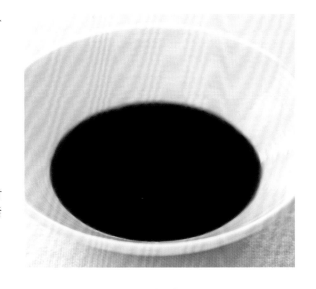

◎ **海鳗肉饼**

材料（可制作1块的量）
海鳗肉饼
　海鳗肉…200g
　混炒蔬菜酱（见P47）…两大勺
　面包粉…3~4大勺
　大蒜末…少量
　生姜末…少量
　蛋黄…1个
　土豆泥…一小个的量
　肉豆蔻、盐、胡椒粉…各适量
海鳗红酒酱汁…适量
盐水煮熟的青菜…适量

1 用绞肉机将海鳗肉搅碎。
2 将搅碎的海鳗肉与剩余的海鳗肉饼材料混合，加入少量的海鳗红酒酱汁，做成肉饼状。
3 将肉饼放在平底锅中煎熟，浇淋上海鳗红酒酱汁，并装饰上煮熟的青菜。

简单红酒酱汁

和知徹

● 适合做牛排的酱汁，也可腌泡煮鸡蛋做腌泡汁，还可在甜点中使用。
● 冷藏可保存一周左右，冷冻可保存一个月左右。

使用了蔬菜泥，因此无须长时间熬煮即可浓稠。

材料

蔬菜泥（新鲜蔬菜搅碎）
　洋葱泥…1个
　大蒜泥…1个
　胡萝卜泥…1/2根
　芹菜泥…少量
无盐黄油…20g
蜂蜜…1大勺
红酒…200ml
盐、胡椒粉…各适量

1　黄油用中火加热，放入蔬菜泥，加入盐和胡椒粉翻炒。
2　蔬菜炒至蔫软后加入红酒，煮至酒精蒸发，再加入蜂蜜调味。

◎ 骰子牛排

用薄蒜片与15g无盐黄油煎制200g骰子牛排，煎熟后浇上两大勺简单红酒酱汁拌匀。

◎ 酸奶油水果甜点

向100g酸奶油中加入30g砂糖调味，再加入应季水果摆盘，浇上简单红酒酱汁。

* 适合不嗜甜的人群，也可作为佐配红酒的下酒菜食用。

白葡萄酒酱汁

● 适合做鱼类料理的酱汁，可以混合打发的生奶油做奶油焗海鲜。
● 冷藏可保存一周。

混合了海鲜美味的万能白葡萄酒酱汁。

材料
白葡萄酒…500ml
红葱末…1个的量
酒香海鲜高汤…200ml
生奶油…500ml

1 锅中加入白葡萄酒与红葱末，煮至水干。
2 加入酒香海鲜高汤，煮至浓缩为约 1/10 的分量，
  再加入生奶油，煮至浓缩为约 2/3 的分量，最后
  滤渣。

◎ 煎金线鱼

金线鱼块上撒盐后放入平底锅中煎熟，装盘，淋上加热的白葡萄酒酱汁，用旱金莲装饰。

海带高汤白葡萄酒酱汁

和知彻

- 适合搭配热乎的白鱼肉与蔬菜食用，也很适合搭配西式菜粥食用。
- 冷藏可保存一两天。

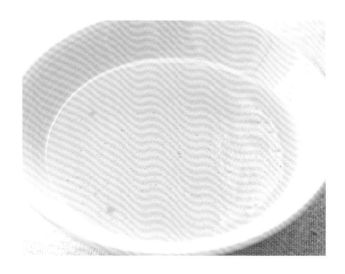

混合了海带高汤的万能白葡萄酒酱汁。

材料
白葡萄酒···300ml
海带···5cm × 15cm
水···300ml
无盐黄油···100g
盐···适量

1 将海带泡入水中做成海带高汤。
2 将白葡萄酒煮至酒精成分蒸发。
3 加入海带高汤，煮至浓缩为约 200ml。
4 关火取锅，加入黄油用余温融化，加盐调味。

◎ 白葡萄酒酱汁蒸鱼

白鱼肉用盐和胡椒粉腌制后蒸熟，淋上足量的白葡萄酒酱汁。

*将鱼肉打散与酱汁一起做盖浇饭，也十分美味。

◎ 白葡萄酒炖芜菁

芜菁剥皮后放入锅中，加入刚刚没过芜菁的海带高汤白葡萄酒酱汁，小火煮至入味。

香料白葡萄酒酱汁

● 适合搭配嫩煎白鱼肉，也适合搭配糖渍水果中，淋在香草冰淇淋上也十分美味。
● 冷藏可保存三四天。

混合了丁香、肉桂香味的白葡萄酒酱，
与甜点也十分相配。

材料
白葡萄酒…700ml
砂糖…350g
丁香…两根
肉桂棒…1根
橙子皮、柠檬皮薄片…各两片

将上述食材放入锅中煮沸即可。

◎ 糖渍洋梨

洋梨去皮（也可用无花果等）放入锅中，加入
刚刚没过洋梨的分量的香料白葡萄酒酱汁，再
盖上纸锅盖，煮至洋梨变软。

* 趁热或放凉吃都很美味，还可以搭配冰淇淋做甜点，或是
  切开后轻轻煎烤，搭配肉菜食用。

◎ 嫩煎鸡腿肉

用黄油煎烤鸡腿肉，最后浇上香料白葡萄酒酱
汁增添光泽。

* 由于酱汁中不含酱油，即使放凉肉质也不会变硬。

威士忌酱汁

- 适合做牛排的酱汁，也可在清炖菜中使用。
- 冷藏可保存四五天。

类似烧烤酱（见P39），但更简单易做。

材料
威士忌…200ml
番茄酱…3大勺
砂糖…两大勺
肉桂棒…1根
牙买加胡椒…两粒
盐、胡椒粉…各适量

1 威士忌煮至酒精蒸发。
2 加入其他食材，煮沸后调味。

* 做烤肉酱汁时，先将肉煎烤，再加入威士忌煮至酒精蒸发，
最后加入其他材料，煮至酱料均匀地裹在烤肉上。

◎ 威士忌酱煮排骨

猪排骨用盐和胡椒粉腌制后，用猪油煎制着
色，加入威士忌煮至酒精蒸发，再加入制作
酱汁的其他材料，煮至酱料均匀地裹在食材
上，即可出锅。

◎ 烤苹果

在带皮的苹果上放培根薄片，加入香料白葡萄酒酱汁
（见P09）慢慢烤至苹果变软且呈现光泽即可装盘，淋上
加热的威士忌酱汁。

油类酱汁

咖喱咖啡油酱汁

和知徹

● 适合搭配烤肉，也可拌沙拉和腌泡蔬菜，还可配合干咖喱食用。
● 常温可保存四五天。

带有咖喱与咖啡风味的橄榄油，可在烤肉和拌蔬菜时使用，适合成年人。

材料
橄榄油…200ml
咖喱粉…2大勺
咖啡豆（烘烤过的）…1大勺

将材料混合，放置1小时以上，取上方的清油。

◎ **嫩煎羔羊肉**

200g羔羊腿肉切成适口大小，撒盐后用两大勺咖喱咖啡油酱汁煎烤，最后撒上粗磨胡椒和意大利香芹末。

◎ **韩式拌菜**

水果番茄两个切成八等份、菠菜水煮后挤干水分，两个芜菁切成八等份，用盐调味后，加入1小勺咖喱咖啡油酱汁拌匀。

蔬菜油酱汁

- 适合搭配烤肉（猪肉等），也可搭配简单的油酱意面，还可作为番茄酱的底料。
- 冷藏可保存四五天。

饱含蔬菜风味的美味油酱。

材料

色拉油…200ml	洋葱…1/4个
大葱…10cm	胡萝卜…1/2根
大蒜…1头	芹菜…10cm

将所有蔬菜放入料理机中打碎，倒入大碗中加入色拉油拌匀。

◎ 嫩煎猪肋排

取蔬菜油酱汁上层的清油两大勺，煎烤300g猪肋排，然后加入蔬菜油酱汁中的蔬菜煎至出香味，再将肋排与蔬菜一起装盘。

干香草油酱汁

- 适合搭配沙拉和三明治，也可在烹饪鱼、肉和蔬菜时使用。
- 常温可保存一周左右，请在油变酸前食用。

为食材增添一点香料味。

材料

干牛至…1小勺
干迷迭香…1小勺
干百里香…1小勺
白芝麻…1大勺
橄榄油…200ml

将所有材料混合。

◎ 烤蔬菜

蔬菜切成适口大小，涂上干香草油酱汁，撒上盐和胡椒粉，用烤盘煎烤。

百里香蒜酱汁

● 适合搭配简单的烤羊肉与烤鸡肉，将百里香换成迷迭香，更适合搭配猪肉。
● 小牛高汤与油混合煮沸后会乳化，因此使用时将酱汁稍加热即可，油酱可冷藏保存1周。

将带有蒜与百里香风味的橄榄油加入小牛高汤，
制成的适合搭配肉食的酱汁。

材料
小牛高汤…50ml
橄榄油…50ml
百里香…1枝
大蒜碎…1头的量

1 将小牛高汤煮至浓缩剩下一半左右的分量。
2 另取一锅中加入橄榄油、百里香、大蒜碎，煮约20
  分钟（注意不要让油沸腾）使香味融入橄榄油中。
3 使用时，向步骤 1 中的小牛高汤中加入 1 大勺步骤 2
  中的油酱搅拌均匀。

◎ 烤羔羊肉

在带骨的羔羊肉撒上盐和胡椒粉后烤熟，装盘。按上述
方法将小牛高汤煮至浓缩后，加入1大勺百里香蒜油，
加热后浇淋在烤好的羔羊肉上。

生姜酱汁

● 适合搭配贝类或白鱼肉做成的卡帕奇欧，也可添加少许酱油。
● 冷藏可保存一周。

生姜风味的酸甜口味酱汁。

材料
生姜末…1g
白葡萄酒醋…1大勺
色拉油…3大勺
盐…少许
糖粉…1小勺

将所有材料混合均匀。

◎ 生姜酱汁扇贝卡帕奇欧

将扇贝柱（刺身用）切成两三毫米的
薄片装盘，浇淋上生姜酱汁，撒上紫
罗勒装饰。

酸醋调味汁

古屋壮一

● 适合搭配蔬菜沙拉或煎虾等煎海鲜。
● 冷藏可保存10天以上。

以此款酱为基础可以制作出各种沙拉汁。

材料

A| 洋葱（剥皮切大块）…250g
　| 白葡萄酒醋…200g
　| 雪莉酒醋…50g
　| 芥末…25g
　| 芥末粒…20g
　| 胡椒…2g
　| 盐…35g
　| 蜂蜜…35g

色拉油…300g
核桃油…250g

1　将 A 中材料全部放入搅拌机中打成均匀的糊。
2　向打好的糊中加入色拉油和核桃油，继续搅拌均匀。

◎ 新鲜蔬菜沙拉

用酸醋调味汁调拌红心萝卜薄片、小萝卜、芜菁薄片、甜菜丝、红脉酸模、芥菜、菊苣、生菜等蔬菜。

小豆蔻酱汁

古屋壮一

● 适合搭配煮熟后放凉的蔬菜，与芦笋尤其相配。
● 冷藏可保存一周。

添加了小豆蔻的冷菜酱汁更有异国风情。

材料
第戎芥末…1小勺
柠檬汁…1小勺
盐…少许
特级初榨橄榄油…两大勺
小豆蔻碎…0.5g

将所有材料混合均匀。

◎ 小豆蔻酱汁拌白芦笋与生火腿

白芦笋用盐水煮熟后放凉，摆上生火腿，淋上小豆蔻酱汁。

洋葱酱汁

有马邦明

- 加入切碎的香草即可变成香草酱汁。
- 冷藏可保存一周。

基础款酱汁，可作为各种酱汁的底料。

材料
白芝麻油…300ml
芥末…3大勺
白葡萄酒醋…100ml
红葱碎…250g

白芝麻油、芥末、白葡萄酒醋用打蛋器打匀，红葱碎用盐揉搓去涩后放入，混合均匀。放置一两天入味后食用为佳。

柚子酱汁

有马邦明

- 适合搭配白鱼肉腌泡汁，也可调拌蒸鸡肉。
- 冷藏可保存一周。

将本页洋葱酱汁中的白葡萄酒醋替换成柚子果汁即可。

材料
白芝麻油…300ml
芥末…3大勺
黄柚子果汁…100ml
黄柚子果肉…适量
红葱碎…250g

用打蛋器将白芝麻油、芥末、柚子果汁打匀，红葱碎用盐揉搓去涩后放入，再加入柚子果肉混合均匀。如再加一些柚子皮碎，香味会更浓郁。

| 黄油类酱料

香草黄油

和知徹

● 适合搭配牛排，也可搭配肉饭食用。
● 冷藏可保存三四天，冷冻可保存1个月左右。

混合了欧芹与大蒜的简单香草黄油，还加入了少许的咖喱粉与保乐力加（法国绿茴香酒）增味。

材料
有盐黄油（常温）…450g
欧芹末…4大勺
大蒜末…1大勺
咖喱粉…少许
保乐力加…少许

将欧芹、大蒜放入料理机中搅碎，加入剩余材料并搅拌均匀。

◎ 法式鱼肉山芋饼

将鱼肉山芋饼切成适口大小，装入烤盘，每块上放1大勺香草黄油，烤至黄油融化。

◎ 蒜香黄油烤吐司

1片吐司上涂抹4大勺香草黄油，放入烤箱中烤至黄油融化。

蜗牛黄油

● 适合加到生奶油中，用来炖煮鲍鱼、小鲍鱼等贝类，或是加到白葡萄酒酱汁中，搭配鲈鱼、石鲈等鱼类。
● 可冷冻保存。

味道浓郁的黄油，是烤蜗牛料理必不可少的调料。

材料
无盐黄油…430g
欧芹…113g
大蒜…67g
红葱…45g
盐…6g
杏仁粉…45g
保乐力加…5g

1 将欧芹、大蒜、红葱切末，黄油恢复常温。
2 将步骤1中食材与其他材料一起用料理机搅拌。

◎ **烤蜗牛**

材料
蜗牛罐头…1罐
盐…适量
大蒜…1头
月桂叶…1片
百里香…1枝
蜗牛黄油、面包粉…各适量

1 向浓度为30%的食盐水中放入大蒜、月桂叶、百里香，煮沸后放凉。
2 将用水仔细清洗过的蜗牛放入步骤1的食盐水中浸泡一晚。
3 将步骤2中的蜗牛放入耐热器皿中，抹上蜗牛黄油，撒上面包粉，用200℃火力烤制10分钟左右。

红酒黄油

和知徹

● 将红酒黄油加入刚蒸熟的米饭中拌匀，就是西式米饭，搭配煎蛋食用也很美味。
● 冷藏可保存四五天，冷冻可保存1个月左右。

添加了酱油增味，适用范围广泛。

材料
无盐黄油（常温）…450g
红酒（750ml煮开浓缩至100ml）…1大勺
洋槐蜜…1小勺
肉桂粉…少量
洋葱末…半个的量
大蒜…1头
酱油…1小勺

将黄油放入料理机中搅拌，少量多次加入剩余的材料，拌匀。

搭配牛排食用。

酒盗黄油

有马邦明

● 适合搭配炒蔬菜与炖菜，或是搭配煎鱼、意面、炒饭食用。
● 冷藏可保存两周。

加入了酒盗风味的黄油。加热后酒盗的臭味挥发，只剩下香味。制作料理时要灵活利用这一香味。

材料
无盐黄油…100g
鲣鱼酒盗…1小勺
黄油放入锅中，加入酒盗并小火加热。材料融化并散发出香味后即可出锅。

*注意黄油不要烧焦。
*也可用凤尾鱼、腌制乌贼代替鲣鱼。

◎ 酒盗黄油炖土豆

材料
五月皇后土豆…3个
酒盗黄油…3大勺
意式高汤…500ml

将土豆剥皮后放入锅中，加入刚刚没过土豆的分量的意式高汤，再加入酒盗黄油，小火煮至土豆入味。

*土豆可以事先煮一遍。
*煮后放凉后再煮，循环几次，土豆会更入味。

焦化黄油酱

● 适合搭配各种奶汁烤菜，尤其适合用来制作黄油烤鳐鱼、奶油烤煎贝等。
● 无法保存，即做即用。

加了面包屑的焦化黄油铺在菜上，放入烤箱烤制，即可做成奶汁烤菜。

材料
无盐黄油…两大勺
蒜末…1/4小勺
面包屑…2大勺
醋腌后切末的刺山柑…1小勺
欧芹末…1小勺
柠檬汁…1小勺

1 黄油用小火至中火加热，变成茶色后加入大蒜。香味飘出后加入面包屑，加热至面包屑变为黄褐色。
2 向步骤1锅中加入刺山柑、欧芹末和柠檬汁，加热片刻。

◎ 香煎鳕鱼白子

材料（1人份）
鳕鱼白子…50~60g
面粉…适量
橄榄油、无盐黄油…各适量
焦化黄油酱…适量

1 鳕鱼白子薄薄裹上面粉，平底锅中放入黄油和橄榄油，加热后放入鱼白煎烤。
2 将煎好的白子放入奶汁烤菜的器皿（可接触明火）中，铺淋上焦化黄油酱后加热，至黄油咕嘟起泡即可。

| 乳制品类酱料

奶油酱

有马邦明

● 能够使料理口味变得柔和，制作法式肉冻时也可使用。
● 冷藏可保存一周。

添加了鱼酱和煎洋葱的美味奶油酱。

材料

鱼酱…1大勺	日本酒…30ml
煎洋葱（或使用P47页的混炒蔬菜酱）…4~5大勺	生奶油…500ml

1 煎炒鱼酱，加入煎洋葱和日本酒熬煮。
2 加入生奶油，慢火煮至浓缩成原来分量的1/4。

* 烹饪时加入生奶油、牛奶等，可使料理口味变得柔和。若直接加入，酱料口味会变淡，将奶油煮至浓缩，可使奶油的风味更加浓厚鲜明，非常方便使用。

腌制海鲜奶油酱

有马邦明

● 适合搭配根茎蔬菜等冬季蔬菜食用，用来调拌水煮白菜也十分美味。
● 冷藏可保存四五天。

添加了腌制乌贼风味的咸口奶油酱。

材料

腌制乌贼…1大勺	蔬菜（洋葱、大葱酌情添加）…适量
无盐黄油…1大勺	红辣椒（酌情添加）…少量
生奶油…200ml	

1 锅中加入腌制乌贼与黄油煎炒。
2 煎炒出香味后加入生奶油（如果有洋葱、大葱等可以一起加入熬煮，增添风味与甜味。也可加入一些红辣椒）。
3 慢火熬煮至浓缩成 1/4~1/5 的量，熬煮不浓缩不够入味。

* 也可使用凤尾鱼、鱼露等代替腌制乌贼。

◎ 腌制海鲜奶油酱烤山药

材料

山药…适量
腌制海鲜奶油酱…适量
色拉油…适量
桃子…适量

1 将山药带皮切成 3m 厚的片油炸，沥干油。
2 炸好的山药涂上腌制海鲜奶油酱，放入烤箱烤至焦黄。
3 桃子带皮切成月牙形，小火煎制片刻，与烤好的山药片一同装盘。

* 一道佐菜，也可使用煮过的萝卜或土豆制作。

洋葱法式白酱

● 适合搭配奶汁烤海鲜、奶汁烤鸡肉等食用。
● 冷藏可保存一周。

加入洋葱，保存起来，非常便于使用。

材料
洋葱末…半个的量
无盐黄油…25g
低筋面粉…25g
牛奶…300g
盐、胡椒粉…各适量

1 锅中加入黄油与低筋面粉，小火翻炒均匀。
2 加入牛奶拌匀后煮沸，加入盐和胡椒粉调味。
3 黄油（分量外）与洋葱单独慢火炒至水分蒸发。
4 将步骤2与步骤3的食材混合，用搅拌机拌匀。

◎ **奶汁烤牡蛎**

牡蛎肉沥干水分，撒上盐和胡椒，薄薄裹上一层
低筋面粉。平底锅中加少许橄榄油，牡蛎肉煎至
表面微微变硬，放入奶汁烤菜器皿中，铺上一层
洋葱法式白酱，在240℃的烤箱中烤至表面微焦。

鱼子酱奶油酱

古屋壮一

● 适合搭配海鲜以及甲壳类食材食用。
● 需在制作当天食用完毕。

在柠檬奶油中加入了鱼子酱咸鲜风味的美味酱汁。

材料
生奶油…两大勺
鱼子酱…1小勺
柠檬汁…少量

生奶油打至五分发后加入鱼子酱，再加入柠檬汁调味。

◎ 鱼子酱奶油酱配荞麦薄饼与熏鲑鱼

材料

荞麦薄饼
荞麦粉…200g
高筋面粉…50g
砂糖…30g
水…300g
牛奶…300g
无盐黄油（化开）…30g
鸡蛋…1个
白胡椒粉…0.2g
盐…3g

熏鲑鱼
生鲑鱼（净肉）…1片
A 岩盐…1kg
砂糖…150g
粗磨胡椒…30g

*混合均匀。

鱼子酱奶油酱…适量
小绿紫苏…少许

1 制作荞麦薄饼。将所有材料用打蛋器搅匀（先将粉状材料搅匀，再加入混合好的液体材料），冷藏1小时以上。

2 加热平底锅，倒入薄薄一层步骤1中的面糊，两面煎熟。

3 将鲑鱼放在方形平底盘中，鱼肉上撒满材料A，放入冰箱腌制12小时。

4 将步骤3中的鲑鱼洗净，去除一些咸味，放在钢丝网上冷藏干燥。

5 中式炒锅中放入樱木烟熏片，架网，铺上步骤4中的鲑鱼，盖上锅盖，快速烟熏。

6 熏鲑鱼切成薄片，铺在荞麦薄饼上，上涂鱼子酱奶油酱，最后撒上小绿紫苏。

酸奶蛋黄酱

有马邦明

● 加入玉米糊、青酱、蒜泥等，可制成多种酱料。
● 冷藏可保存四五天。

灵活利用了酸奶柔和酸味的酱
汁，可作为各种酱汁的底料。

材料
蛋黄酱
> 蛋黄…1个
> 白葡萄酒醋…1大勺
> 芥末…1大勺
> 白芝麻油…150~200ml
> 盐、胡椒粉…各适量

原味酸奶…适量

1 制作塔塔酱（见 P76）。
2 在步骤 1 的蛋黄酱中加入酸奶
  拌匀（基本比例约为 1:1，可
  因酸奶变化）。

* 刚做好时酸奶与蛋黄酱融合得还不够充
分，因此须放置 1 天后再使用。

◎ 油封鸡肉拌酸奶蛋黄酱

材料
油封鸡肉…适量
酸奶蛋黄酱…适量
水芹末…适量
豆瓣酱…少量
*煮鸡蛋…一块

* 煮鸡蛋是在煮豆子、蘑菇高汤，或是制作肉酱时煮制的水煮蛋。

1 制作油封鸡肉，用竹扦在鸡翅根上戳出一些小洞，
  撒上盐、胡椒粉、大蒜、迷迭香和肉豆蔻，腌制
  2 小时后放入锅中，加入刚好没过鸡肉的鸭油（也
  可以是猪油或牛油），小火熬煮至竹扦可扎透鸡肉
  时关火放凉。
2 将油封鸡肉的鸡肉取出，去骨拆肉并去皮。
3 鸡肉加热后放入大碗中，加入混有少量豆瓣酱的酸
  奶蛋黄酱与水芹末，拌匀。
4 和切成月牙形的煮鸡蛋一起摆盘。

乳酪酱

● 可直接食用，也可加热后食用，很适合搭配沙拉。
● 冷藏可保存两三天，但推荐现做现用。

使用了低热量的茅屋芝士，口感弹牙的美味乳酪酱。

材料
茅屋芝士（已滤渣）…100g
生奶油…40~50ml
大蒜末…少量
洋葱末…半个
香葱末…1大勺

将茅屋芝士放入料理机中搅拌，接着加入生奶油搅拌，最后加入大蒜、洋葱和香葱搅拌均匀。

* 虽然使用料理机，但为保证搅拌充分，蔬菜均要切末后再放入。

◎ 炸火腿芝士

4片薄火腿一组，两组火腿夹1大勺乳酪酱，再依次裹上高筋面粉、蛋液、和面包屑，用170℃的色拉油炸至香脆。

◎ 乳酪酱迷你汉堡肉饼

将250g猪牛混合绞肉与3g盐、适量胡椒粉、1/4个洋葱的切末混合，分成5个肉饼。平底锅内放入少许橄榄油，煎烤肉饼，一面煎好后翻面，再抹上1大勺乳酪酱，放入烤箱烤至乳酪融化。

◎ 芝士烩饭

10g无盐黄油加热至溶化，加入一杯蒸熟的米饭，加热后放入1大勺热好的乳酪酱拌匀，用盐和胡椒粉调味。

| 西洋醋类酱汁

巴萨米克醋汁

有马邦明

- 适合作为红肉料理的酱汁，也可用于腌渍水果干或甜品中。
- 冷藏可保存一周。

将水果干浸入巴萨米克醋中增添风味，可使醋汁更接近于长时间发酵过的风味。

材料
巴萨米克醋…200ml
水果干（苹果、无花果、菠萝等）…适量
意式小牛骨高汤…200ml

1　将水果干浸入巴萨米克醋中。
2　加入意式小牛骨高汤。

* 浸泡时水果干的香味、甜味和精华会转移到巴萨米克醋中，同时巴萨米克醋中的一
部分水分会被水果吸收，浓度增加。
* 步骤 1 中的巴萨米克醋制成需要浸泡 1 年左右，如果想要缩短一点时间，可以事先
将巴萨米克醋煮至浓缩些许。但需要注意，如果煮得太过火，可能会导致醋中难得
的香味与酸味蒸发。

百里香醋汁

和知徹

- 可作为沙拉酱汁使用。
- 冷藏可保存一周。

不含油，非常健康的低卡沙拉酱汁。

材料
白葡萄酒醋…200ml
新鲜百里香…3枝

将百里香浸泡在
白葡萄酒醋中。

◎　无油凯撒色拉

材料
油菜…1棵　　　　　第戎芥末…两大勺
沙拉用菠菜…1棵　　百里香醋汁…适量
生菜…3片　　　　　油炸面包丁…适量
盐、胡椒粉…各适量

蔬菜切成适口大小，用盐、胡椒粉、第戎芥末和
百里香醋汁调拌均匀，装盘后撒上油炸面包丁。

巧克力、香辛料、砂糖类酱料

巧克力酱

古屋壮一

● 适合浇在悬钩子白兰地酒冰淇淋或是可丽饼上，可以搭配任何适合巧克力的食品。
● 冷藏可保存一周以上。使用时先在常温中放置片刻。

巧克力风味十足的甜品酱。

材料
巧克力（可可含量61%）…150g
鲜奶油…80g
牛奶…60g

将鲜奶油与牛奶一同放入锅中煮沸，加入切碎的巧克力煮化。

◎ 巧克力酱糖渍洋梨配蛋白糖

材料
糖渍洋梨
　洋梨…1个
　白葡萄酒…200ml
　水…200ml
　砂糖…40g
蛋白糖
　蛋白…60g
　砂糖…10g
　玉米粉…7g
　海藻糖…40g
巧克力酱…适量

1 制作糖渍洋梨。将洋梨去皮，竖切两半，去核。锅中倒入白葡萄酒煮沸至酒精蒸发，加入水与砂糖搅拌至溶解，再放入切好的洋梨炖煮5~10分钟，关火待凉。
2 制作蛋白糖，将蛋白与砂糖一起打发，加入到玉米粉与海藻糖的混合物种，搅拌混合。
3 烤盘内铺上垫纸，将步骤2中的面糊装进裱花袋，挤在烤盘上，放入120℃烤箱中烤制1小时左右。
4 将糖渍洋梨切成月牙形装盘，淋上巧克力酱，烤好的蛋白糖摆在旁边。

马萨拉

● 适合搭配咖喱，也可以撒在羊肉上烧烤，与青花鱼等青背鱼是绝配。
● 长时间放置香味会消散，因此适合即做即用。冷冻可保存一周左右。

马萨拉（Masala）意为混合香
辛料，由印度料理中常用的香
辛料混合而成。

材料
孜然、小豆蔻、黑胡椒、姜黄、肉
桂…各1大勺
大蒜粉…1小勺

将所有材料全部磨成粉后混合。

◎ **青花鱼三明治**

材料
法棍…1/2根
青花鱼净肉…适量
紫洋葱丝…适量
柠檬薄片…1/2个的量
无盐黄油…适量
马萨拉…两小勺

1 青花鱼用黄油煎熟，出锅前撒上
  马萨拉增加香味。
2 法棍切开，夹入步骤1中的青花
  鱼以及柠檬薄片和紫洋葱，做成
  三明治。

什锦香辛料

有马邦明

● 适合撒在凉拌菜、沙拉和意面上增味，也可和面包屑一起撒在料理上制作烤箱料理，还可以撒在豆腐上用平底锅制作煎豆腐。

● 放入密闭容器中常温可保存一周。

混合芝麻、坚果和香辛料制作的混合香辛料撒料。

材料
煎白芝麻、香菜子、孜然、榛子…适量
盐…少量

将除盐以外的材料在研钵中捣碎，再加入盐。

* 研磨可使香味混合。

◎ 香辛料风味鞑靼金枪鱼

金枪鱼取腹部附近脂肪多的部分，刺身用鱼肉，用少量盐腌制后剁碎，混合少量的芥末末，用圆形模具定型后装盘。撒上足量的香葱末，最后撒上什锦香辛料调味。

焦糖酱

古屋壮一

● 适合搭配煎香蕉、无花果、洋梨等煎水果以及法式吐司等。

● 冷藏可保存一周以上。

非常百搭好用的甜品酱。

材料
砂糖…50g
朗姆酒…20ml
无盐黄油…10g

1 砂糖放入平底锅，中火加热，炒至呈茶色。
2 加入朗姆酒，继续加热使酒精蒸发后，加入黄油烧至融化，加入适量水调整浓度。

◎ 焦糖酱煎香蕉与香蕉冰淇淋

香蕉剥皮后竖着切成两半，用黄油轻轻煎烤片刻后装盘，淋上焦糖酱，旁边装饰香蕉冰淇淋。

▎蔬菜、植物材料类酱料

欧芹蒜酱

古屋壮一

- 适合搭配所有贝类、青蛙、鸡肉等白肉。
- 冷藏可保存四五天（由于香味容易挥发且容易褪色，因此无法长时间保存）。

非常简单的欧芹酱。即使加很多口味也不会过重。

材料
欧芹叶…50g
大蒜…1瓣
盐…少许

1 100ml 水加入大蒜和盐煮沸，再加入欧芹叶继续煮。
2 欧芹叶煮至用手可捏碎成泥状的程度时，取出欧芹和大蒜放入搅拌机中，再倒入一半左右的汤汁搅拌。

◎ 油炸海螺

材料	**面裹（便于制作的量）**
海螺…适量	啤酒…140g
色拉油…适量	低筋面粉…30g
欧芹蒜酱…适量	米粉…30g
小绿紫苏叶…少量	玉米粉…40g
	干酵母…4g
	盐…2g

1 面裹的材料在大碗中混合，发酵 30 分钟。
2 将海螺肉蘸满步骤 1 中的面裹，用 180℃的热油炸，沥净多余的油。
3 将欧芹蒜酱铺在盘中，盛入步骤 2 中炸好的海螺肉，最后撒上小绿紫苏叶。

花椒酱

有马邦明

- 适合用于白鱼或青鱼卡帕奇欧、香鱼料理中，也可搭配土当归、蘑菇、白芦笋等白色蔬菜，还可搭配肉类。
- 冷藏可保存四五天，冷冻亦可。

适合在花椒丰收的季节制作的应季酱料。

材料
花椒叶…200g
凤尾鱼…3~5条
松子（烤制过的）…两大勺
白芝麻油（事先冷藏好）…200~300ml

1 将凤尾鱼、松子和少量白芝麻油放入搅拌机打成糊状。
2 向步骤 1 搅拌机中少量多次加入花椒叶，继续搅拌。
3 向步骤 2 搅拌机中少量多次加入白芝麻油，继续搅拌。

*白芝麻油需事先冷藏后再使用，否则制作出来的酱的颜色会不鲜亮。

罗勒酱

- 适合搭配虾、章鱼、乌贼等海鲜的冷盘料理，也可加入番茄作为冷意面的酱汁。
- 冷藏可保存三四天。

使用罗勒和盐制作的简单酱汁。

材料
罗勒…200g
盐…适量

1 将罗勒放入浓度较高的盐水中，煮至用手可捏碎的程度时捞出，再放入冰水中冷却，然后沥干水分，冷却汤汁。
2 步骤1中的罗勒放入搅拌机中，加入汤汁，能使搅拌机转动起来即可，搅拌成酱。

◎ 罗勒酱拌虾与土豆

虾用盐水焯熟后剥壳冷却，土豆蒸熟后剥皮，切成适口大小并冷却，混合后用罗勒酱拌匀，加入少量的特级初榨橄榄油和盐。装盘后装饰上小绿紫苏叶。

菠菜酱

- 适合搭配蛋类料理，也可代替水芹搭配肉类料理，还可以用于制作意式烩饭。
- 冷藏可保存两三天。

独特的浓郁绿色酱汁，加入了少许与菠菜非常搭调的咖喱粉。

材料
菠菜…1把
盐…适量
咖喱粉…少许

1 将菠菜放入浓度较高的盐水中，煮至用手可捏碎的程度时捞出，再放入冰水中冷却，然后沥干水分，冷却汤汁。
2 步骤1中的菠菜放入搅拌机中，加入汤汁，能使搅拌机转动起来即可，再加入少许盐和咖喱粉搅拌。

◎ 水煮蛋配鱼子酱与菠菜酱

水煮蛋切半装盘，加上一些鱼子酱，再浇上菠菜酱。

青酱

● 适合佐配或拌意大利炖菜。
● 冷藏可保存一两周，块状冷冻保存亦不影响使用。

意大利香芹为底做成的青酱，时令绿叶菜多的季节可用各种绿叶菜来制作。

材料
意大利香芹叶…150g
大蒜…半瓣
凤尾鱼…2条
白芝麻油（事先冷藏好）…200ml

1 将大蒜、凤尾鱼及少量白芝麻油放入搅拌机中搅拌至糊状。
2 继续搅拌，同时分次放入少量意大利香芹叶。
3 搅拌完成后，分次加入少量白芝麻油，再次搅拌。

*使用橄榄油会使酱料香味浓郁，但也易造成其酸化变味，因此这里使用了白芝麻油。
*凤尾鱼可用味增、盐、腌制海鲜(腌海鱼、鱿鱼等)代替，提升咸味。
*可用普通的香芹代替意大利香芹，但酱料味道会偏苦，也可以用茼蒿或其他绿叶菜代替。
*如果没有按顺序放入搅拌机中，可能会出现搅拌不均匀的情况。
*使用的油以及做好的酱料务必冷藏（以防变色）。

◎ 青酱拌黄瓜土豆

小土豆片（熟）…适量
黄瓜片…适量
青酱…适量
意大利乳清奶酪…适量

将青酱与意大利乳清奶酪放入碗中，加入土豆片及黄瓜片，拌匀即可。

*土豆经青酱及盐调味后口感清爽，十分美味，加入黄瓜后更加爽口，是一道夏季精品凉菜。使用普通黄瓜即可，也可用芜菁、萝卜、茄子等应季时蔬代替黄瓜。

芜菁叶酱

有马邦明

● 适合搭配肉类料理。

● 冷藏可保存10天，也可冷冻保存。

芜菁叶加上松子等制作的青酱。

材料

芜菁叶…200g

大蒜…1瓣

凤尾鱼…3~5条

松子（烤制过的）…两大勺

白芝麻油（冷藏过的）…200~300ml

1 将大蒜、凤尾鱼、松子以及少量的白芝麻油放入搅拌机中打成糊状。

2 在步骤1搅拌机中少量多次加入芜菁叶进行搅拌。

3 向步骤2搅拌机中少量多次加入白芝麻油进行搅拌。

* 油需事先冷藏后再使用，否则制作出来的酱的颜色不鲜亮。

◎ 猪舌配芜菁叶酱

材料

猪舌（在盐水中腌渍5天后低温煮熟的）…适量

西式泡红椒…适量

芜菁叶酱…两大勺

面包粉…1大勺

帕尔玛奶酪碎…两小勺

红葡萄酒醋…1~2大勺

1 在芜菁叶酱中加入帕尔玛奶酪碎、红葡萄酒醋和面包粉进行混合。

2 将猪舌切成薄片装盘，搭配西式泡红椒与步骤1中的酱料。

* 面包粉可以吸收酱料中水分，使酱料不再流动。

* 搭配海鲜料理时不要加入奶酪。

罗勒叶酱

- 适合做意面酱，也可用在蔬菜汤中增添风味。
- 冷藏可保存一周，冷冻亦可。

用罗勒叶制作的青酱。

材料
罗勒叶…100g
大蒜…1瓣
凤尾鱼…2条
花生油（或白芝麻油，事先冷藏好）…150ml

1 将大蒜、凤尾鱼（也可根据喜好加入坚果）放入
　搅拌机打成糊状。
2 向步骤1搅拌机中少量多次加入罗勒叶，继续搅拌。
3 向步骤2搅拌机中少量多次加入花生油，继续搅拌。

* 油需事先冷藏后再使用，否则制作出来的酱的颜色不鲜亮。
* 也可根据喜好加入松子、核桃等坚果。

香葱酱

- 可用于所有鱼类冷盘料理，还可作为白灼肉类沙拉、蒸鸡肉等料理的酱汁，或用于汤或鱼肉高汤中。
- 冷藏可保存三四天。冷冻亦可。

用香葱制作的青酱，香味独特。

材料
香葱…200g
大蒜…1瓣
凤尾鱼…3~5条
松子（烤制过的）…2大勺
白芝麻油（事先冷藏好）…200~300ml

1 将大蒜、凤尾鱼、松子、少量白芝麻油放入搅拌
　机打成糊状。
2 向步骤1的搅拌机中少量多次加入切碎的香葱末，
　继续搅拌。
3 向步骤2的搅拌机中少量多次加入白芝麻油，继
　续搅拌。

罗勒叶柠檬酱

有马邦明

● 适合作为冷意面酱或用于白鱼和白肉料理中，最好用于冷盘，（也可用于热菜，但酱料会变色），可揉进面团中制作面包。

● 冷藏可保存四五天，但会变色，冷冻保存不会变色。

在罗勒叶酱汁中添加柠檬风味。

材料

罗勒叶…200g
大蒜…1瓣
凤尾鱼…3~5条
松子（烤制过的）…两大勺
白芝麻油（事先冷藏好）…200~300ml
柠檬皮…1片

1 将大蒜、凤尾鱼、松子、少量白芝麻油放入搅拌机打成糊状。
2 向步骤1的搅拌机中加入柠檬皮，少量多次加入罗勒叶，继续搅拌。
3 向步骤2的搅拌机中少量多次加入白芝麻油，继续搅拌。

* 油需事先冷藏后再使用，否则制作出来的酱的颜色会不鲜亮。

◎ 罗勒叶柠檬酱冷意面

材料

扁意面（干）…100g
罗勒叶柠檬酱…两大勺
盐、帕尔玛奶酪…各适量

1 意面用盐水煮熟后捞出，沥干水分，放入凉水中过凉后，再次沥干水分。
2 将罗勒叶柠檬酱放入大碗中，加入步骤1中的意面，调拌均匀后装盘，撒几片帕尔玛奶酪。

黄瓜酱

古屋壮一

● 适合搭配白鱼食用。也适合搭配干烤康吉鳗等。

● 无法过夜保存，需即做即用。

尽显黄瓜新鲜风味的酱汁。

材料
黄瓜…两根
葛根粉（便于制作的量）…100g
白葡萄酒醋…1小勺
盐…少许
色拉油…1大勺

1 在锅中加入葛根粉与600ml水，混合均匀后边加热边搅拌，搅至黏稠后将锅放在冰水中冷却。

2 削下带有1mm肉的黄瓜皮（黄瓜肉在装盘时使用），用热水焯一下。

3 取50g步骤1中的葛根糊与步骤2中的黄瓜皮一起放入搅拌机中，加入白葡萄酒醋和盐，少量多次加入水（以便搅拌更顺滑）搅拌。整体混合均匀后加入色拉油继续搅拌，使酱汁乳化。

◎ 黄瓜酱石斑鱼卡帕奇欧

将黄瓜肉切成小丁加盐揉搓后撒在鱼肉上，搭配黄瓜酱，最后装饰上旱金莲。

风干番茄酱汁

有马邦明

● 适合制作鱼类或肉类料理时用做腌料，也可在炖煮食物或汉堡中加入少许。

● 冷藏可保存一个月，添加白葡萄酒醋可延长保质期。

饱含风干番茄的美味，也可代替味噌使用。

材料
风干番茄…150g
红酒…200ml
意式小牛骨高汤…100ml
嫩煎洋葱酱（见P48）…1大勺
白葡萄酒醋（根据喜好添加）…少量

1 将风干番茄与红酒放入锅中，煮至浓缩为原来分量的1/5时，加入意式小牛骨高汤、嫩煎洋葱酱和白葡萄酒醋，再次煮至浓缩为1/2的量。

2 静置待凉后捣碎。

番茄酱汁

● 适合用于各种料理，用作意面酱时，可在番茄酱中加入奶酪碎、欧芹和橄榄油搅拌均匀。
● 冷藏可保存一周，冷冻亦可。

推荐使用皮较硬的，甜味柔和的番茄制作。

材料
番茄（表皮红润果实较硬的）…1kg
橄榄油…1大勺
大蒜碎…半瓣的量
洋葱末…3~4片的量
红辣椒（或辣椒粉）…少量
盐…少许

1 大蒜用橄榄油小火翻炒，加入洋葱后大火翻炒至水分析出。
2 向步骤1锅中加入切成两半的番茄，中小火慢煮。
3 加入红辣椒和盐，煮至水分稍蒸发后即可出锅。

* 口味较单一，后续可添加其他材料做出各种变化。
* 加入辣椒后，口味更俱层次感，也可根据喜好加入迷迭香或罗勒叶。

◎ 番茄酱汁炖鸡腿肉

材料
鸡腿肉…1块
盐、胡椒粉、面粉、橄榄油…各适量
白葡萄酒醋…1大勺
番茄酱汁…200ml
迷迭香碎…少量
红辣椒碎…少量

1 用盐和胡椒粉腌制鸡肉，鸡皮上撒面粉。
2 平底锅中加热橄榄油，鸡皮朝下煎烤步骤1中的鸡肉。煎至鸡皮酥脆后加入白葡萄酒醋、番茄酱汁和迷迭碎（可再添少量水）慢炖，使鸡肉充分入味。
3 加入红辣椒碎和盐调味。
4 鸡肉切块装盘，浇上温热的番茄酱汁。

36　　201道酱汁及其料理

香草番茄酱汁

古屋壮一

● 适合搭配鸡肉料理、烤牛肉、煮章鱼等。
● 冷藏可保存一周。

添加香草风味的美味番茄酱。

材料

大蒜末…1大勺
洋葱末…1个
番茄…两个
普罗旺斯香草…1大勺
橄榄油…适量

1 平底锅中加入橄榄油和大蒜爆香，加入洋葱，慢火煎至出甜味。
2 番茄用热水烫后剥皮去核，番茄肉切大块，番茄子用纱布包裹挤压滤出番茄汁，均加入步骤 1 的锅中，再加入普罗旺斯香草，煮 20 分钟左右。
3 将煮好的食材放入搅拌机中搅拌均匀。

◎ 炸鸡胸肉

鸡胸肉去皮，切成适口大小，用盐和胡椒粉腌制后依次裹上面粉、蛋液和面包粉，用180℃的热油炸熟后沥去多余的油。盘底放入温热的香草番茄酱汁，炸鸡装盘，最后装饰上细叶芹。

番茄果冻

古屋壮一

● 适合搭配贝类，还可搭配白乳酪用在茄子鱼子酱冷盘中。
● 冷藏可保存四五天。

完美保存了番茄味道的果冻。

材料

番茄…300g
盐…少许
琼脂（胶化剂）…30g（对应1kg做法2中的番茄水）

1 番茄去蒂、切大块，放入搅拌机中加盐与 50ml 水搅拌。
2 将步骤 1 中材料用布包裹好，放入竹筐中，再将竹筐架在大碗上，在布包上压重物，在冰箱放置一晚，取碗中的番茄汁。
3 将步骤 2 中的番茄汁放入锅中煮至 40℃~50℃，加入琼脂煮化。
4 将步骤 3 中的锅浸入冰水中，使之冷却。

搭配生牡蛎食用。

调味番茄酱

和知徹

● 可作为蘸料，也可用在汉堡中。
● 冷藏可保存一周左右。

添加了红辣椒，适合成人口味。

材料

红辣椒（切成适口大小）…两个
牙买加椒粉…1小勺
肉桂粉…1小勺
丁香…1根
白葡萄酒醋…50ml
白葡萄酒…100ml
黍砂糖…两大勺
盐…适量

1 将所有材料放入锅中，煮至红辣椒变软。
2 将步骤1中材料倒入搅拌机中打至糊状。

◎ 三明治

材料（2人份）
*汉堡肉饼（见P24）…200g
吐司薄片…4片
生菜…两片
煎蛋…两个
调味番茄酱…两大勺
无盐黄油…两大勺
第戎芥末…1大勺

*制作两块汉堡肉饼，用1大勺黄油煎熟。

1 将两片烤吐司单面涂上黄油，另外两片
  烤吐司涂上芥末。
2 将两块汉堡肉饼用一大勺黄油煎熟，同
  调味番茄酱、煎蛋和生菜夹在吐司中间，
  做成三明治。

烧烤酱

和知徹

● 适合涂抹在烤吐司上食用，也可代替番茄酱用于鸡肉饭中。
● 冷藏可保存一周左右。中间也可加热（煮至沸腾）一次。

饱含蔬菜美味，适合搭配肉类的酱料。

材料
洋葱末…1个
大蒜末…两瓣的量
番茄泥…200ml
调味番茄酱…4大勺
波旁威士忌酒…80ml
盐、胡椒粉…各适量
无盐黄油…90g

1 黄油用中火融化。放入洋葱和大蒜，加入盐和胡椒粉翻炒。
2 加入波旁威士忌酒，煮沸使酒精蒸发，加入番茄泥与番茄酱，煮至入味。

◎ 嫩煎猪肋排

一大勺猪油放入平底锅中烧化，放入400g切成适口大小的猪肋排，煎熟，浇淋上两大勺烧烤酱，烧至飘香。

高汤甜菜酱

有马邦明

● 适合做沙拉酱或搭配鱼、肉等食用，用途广泛。
● 冷藏可保存两三周。

红酒与意式小牛骨高汤中融入甜菜的色、香、味。

材料
甜菜…1个（150g以上）
意式小牛骨高汤…250ml
红酒…250ml

1 甜菜上撒少许水，用锡纸包裹后，放入烤箱蒸烤至变软。
2 锅中放步骤 1 中的甜菜，意式小牛骨高汤和红酒，慢火炖煮。
3 将步骤 2 中材料放入研钵捣碎（或用搅拌机搅碎）。

甜菜酱

古屋壮一

● 适合搭配熏鱼、熏萤鱿、法式肉馅饼和鸭肉料理等食用。
● 冷藏可保存一周。

酸甜口味的酱料，适合搭配熏制食品食用。

材料
甜菜（中）…1个
白葡萄酒醋…50ml
盐…少许
砂糖…两大勺

1 甜菜剥皮，切成 2cm 见方的丁，放入锅中，加入刚好没过甜菜的水，再加入白葡萄酒醋、盐和砂糖，煮至甜菜变软。
2 将步骤 1 的材料放入搅拌机中搅碎。

◎ 熏沙丁鱼

材料
沙丁鱼、盐、砂糖、橄榄油、甜菜酱、红脉酸模…各适量

1 沙丁鱼切成三片，撒上盐和砂糖。
2 中式炒锅中放入烟熏片，点火架网，铺上步骤 1 的沙丁鱼，盖上锅盖，快速烟熏约30 秒。
3 平底锅中倒入橄榄油，放入步骤 2 的沙丁鱼煎烤片刻后装盘。搭配甜菜酱，装饰上红脉酸模。

甜菜酸辣调味酱

古屋壮一

- 适合搭配所有油炸食品。
- 尽量即用即做（水煮蛋的蛋黄容易化）。

基础款酸醋调味汁加入各种食材末制作而成的酱料，甜菜的颜色十分漂亮。

材料
酸醋调味汁（见P14）…1大勺
切碎的水煮蛋…1/4个的量
西式泡菜末…1小勺
小黄瓜末…1小勺
红葱末…1小勺
甜菜酱（见P40）…1大勺

将所有材料混合。

◎ 炸牡蛎

将牡蛎肉揉进面裹中油炸。加上甜菜酸辣调味酱和法国盐之花。

黑橄榄酱

有马邦明

- 适合搭配金枪鱼、煎鱼等红鱼肉或与鸽肉、鸭肉等红肉食用。
- 冷藏可保存两周。

用高汤炖煮橄榄，吸收橄榄的香味。

材料
去核黑橄榄…200g
意式小牛骨高汤…180ml
浓红酒酱汁（见P03）…180ml
水或意式高汤…100~180ml

1 将黑橄榄加入意式小牛骨高汤与红酒酱中炖煮至软化。
2 将步骤 1 的材料放凉后磨碎。

玉米沙拉酱

有马邦明

● 适合搭配肉、鱼、蔬菜等，用途非常广泛。尤其适合搭配牛肉食用。
● 冷藏可保存四五天。

以基础款洋葱酱汁为底制作而成。

材料
洋葱酱汁（见P15）…100ml
* 玉米糊…1大勺

* 生玉米用浓度为 1% 的盐水煮后，剥下玉米粒搅成糊。

洋葱酱汁加入玉米糊搅拌均匀。

玉米酱

有马邦明

● 适合涂在蔬菜上煎烤，也可调拌水煮土豆制作沙拉，还可搭配烧烤鱼肉、猪肉或鸡肉，可加热后再次使用。
● 冷藏可保存一周。

玉米的自然香甜中蕴含着芥末的酸。混合蛋黄酱食用也很美味。

材料
玉米…两根
去皮水煮土豆…1/2个
盐、无盐黄油、芥末…各适量

1 将玉米用盐水煮后剥下玉米粒，然后放入搅拌机中打成糊状。
2 向步骤1食材中加入黄油、芥末、水煮土豆（可以加入适量葡萄酒醋增加酸味），再次放入搅拌机搅拌。

◎ 奶汁烤玉米笋

将带皮玉米笋竖切成两半，切面涂上玉米酱，放入烤箱中烤至金黄后装盘，撒上粗磨黑胡椒。

玉米蛋黄酱

有马邦明

- 适合搭配水煮菜、细意大利面或斜切短通心粉，也可用于制作烤吐司。
- 冷藏可保存一周。

使用奶油玉米罐头制作的蛋黄酱风味酱料。

材料
奶油玉米罐头…100ml
芥末…1/2大勺
芝麻油…约1大勺
白葡萄酒醋…两大勺
大豆糊…80ml

将所有材料放入搅拌机打成糊。

◎ 玉米蛋黄酱拌豆腐扁豆

材料
摩洛哥扁豆…适量
扁豆…适量
豆腐…适量
玉米蛋黄酱…适量
盐…适量

1 摩洛哥扁豆和扁豆用盐水煮熟，用玉米蛋黄酱调拌。
2 豆腐去除水分后切丁，加入步骤1的食材中轻轻拌匀即可。

* 也可加入意大利乳清奶酪，或加入沾水后轻轻挤出水分的面包。

南瓜酱汁

有马邦明

- 烹饪甜美可口的意大利面、千层面、意式烩饭时必不可少的酱料，亦可加入意式高汤中，制成鲜美的意式南瓜肉汁浓汤。
- 冷藏可保存四五日，亦可冷冻保存。

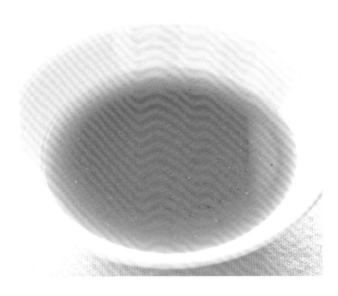

可与肉类和鱼类甚至蔬菜类食材轻松搭配，为菜肴增添一丝蜜意。

南瓜品种可自由选择，但高甜度的品种需根据菜式而定。

材料
灰胡桃南瓜…适量
盐…适量
鸡肉浓汤…适量

1 南瓜去皮，去子并切块。
2 放入高压锅中后撒上少量盐，加入鸡肉浓汤慢慢焖煮。
3 放入搅拌机中搅拌至泥状。

◎ 茄丁意大利馄饨配南瓜酱汁

材料

醒好的意面粉团…适量	南瓜酱汁…适量
茄子…5根	意式高汤…适量
男爵土豆…两个	特级初榨橄榄油…适量
帕尔玛奶酪碎…适量	烤核桃…适量
盐…适量	

1 茄子去皮切块，放入烤箱或放入平底锅翻炒，去除少量水分。土豆煮熟后去皮切块。
2 将茄子和土豆捣成糊，与帕尔玛奶酪碎均匀搅拌。
3 将醒好的面团擀成薄片，再用比萨刀分割出一个个边长 7~8cm 的方形面片。
4 面片中央放上步骤 2 调好的馅料，包好，放入加盐的热水中煮熟。
5 南瓜酱汁中加入意式高汤，稀释调味，倒入盘中，再放入煮好并沥干的意大利馄饨。用烤核桃点缀，最后淋上一圈橄榄油，再撒上帕尔玛奶酪碎。

芜菁酱

古屋壮一

● 适合加热后作为鱼类料理的酱料。
● 冷藏可保存3天（芜菁的香味放久了会消散）。

完美保存芜菁风味的美味酱料。

材料
洋葱片…1/4个的量
芜菁（中等大小）…3个
色拉油…适量
百里香…1/2枝
月桂叶…1/3片
盐…1小勺
鲜奶油…1大勺

1 洋葱用色拉油慢火翻炒至软化，放入切成八等份的芜菁，继续翻炒。
2 加入刚好没过材料的水（也可使用1∶1的水和法式高汤），再加入百里香、月桂叶和盐，煮十分钟左右使芜菁入味。
3 捞出百里香和月桂叶，放入搅拌机中搅拌。
4 加入鲜奶油即可。

◎ 秋刀鱼鞑靼

秋刀鱼切成三片，去皮去骨切成适口大小。红葱与生姜切末，拌橄榄油。装入盛有芜菁酱的容器中。

什锦蔬菜莎莎酱

和知徹

● 适合搭配肉类料理，也可夹在三明治中使用。
● 即用即做。

非常适合搭配油脂丰富的肉类料理。

材料
番茄块…1个的量（中等大小）
紫洋葱薄片…1/2个的量
意大利香芹段…10~15片

混合均匀。

搭配用橄榄油煎至喷香的鸡腿肉食用。

牛蒡酱

古屋壮一

- 适合搭配炸鱼、煎鸡腿肉等。
- 冷藏可保存四五天。

牛蒡的香味极其独特。

材料
牛蒡…两根
洋葱…1个
鸡肉高汤…适量
色拉油…适量
盐…适量

1 牛蒡洗净，切成 1cm 见方的丁，在水中泡 30 分钟左右。
2 牛蒡沥干水，在平底锅中用较多的色拉油煎炒。
3 洋葱切成薄片，用色拉油慢火煎炒。
4 炒过的牛蒡加入到炒洋葱中，加入刚好没过材料的鸡肉高汤，炖煮四五十分钟。
5 加盐调味后放入搅拌机中搅拌。

◎ 油炸康吉鳗牛蒡卷

材料
牛蒡…适量
康吉鳗鱼肉片…适量
盐、砂糖…各适量
面裹
  荞麦粉…30g
  米粉…30g
  玉米粉…30g
  泡打粉…10g
  水…115g
  混合均匀
色拉油…适量
牛蒡酱…适量
*牛蒡粉…少量

* 牛蒡切成薄片，放入 100℃烤箱中烤制约 1 小时使其干燥，用搅拌机打成粉。

1 牛蒡洗净切长片，加入带有盐和砂糖的水煮至变软。
2 沥干水分，卷上康吉鳗鱼肉片，蒸熟。
3 将蒸熟的康吉鳗牛蒡卷裹上面裹，用 180℃的油炸。
4 沥干炸牛蒡卷多余的油，切成适口大小，放入盛有热牛蒡酱的容器中，撒上牛蒡粉。

混炒蔬菜酱

有马邦明

● 适合于各种料理，增添蔬菜的甘美风味。可作为酱料或用在肉馅和炖煮料理中。
● 冷藏可保存一周。

将香味蔬菜用油慢火翻炒出甘甜风味。

材料
胡萝卜…100g
洋葱…200g
芹菜…100g
白芝麻油…适量

1 蔬菜切末。
2 在平底锅中多倒些白芝麻油，烧热后加入步骤1中的蔬菜末。先用中火翻炒，至蔬菜中的水分不再冒泡后，转成小火，慢慢加热至水分蒸发。

* 用料理机打碎蔬菜会破坏植物细胞，流出更多的水分，入油后会显得浑浊。用菜刀切碎蔬菜，则可使每颗蔬菜丁都能被充分油炸。
* 若一开始就用小火加热，洋葱的香味便炒不出来，只能留下甜味。先中火翻炒，可使蔬菜与洋葱的特殊异味蒸发。

生姜酱汁

古屋壮一

● 适合搭配烤牛肉、烤猪肉或煎贝类。
● 冷藏可保存一周。

在小牛高汤中加入生姜风味的酱汁。

材料
生姜…20g
小牛高汤…100ml

1 生姜去皮后切丝，放入热水中焯，片刻后换水再次焯，重复三次。
2 小牛高汤煮至浓缩至一半分量。
3 向步骤2的高汤中加入步骤1中的生姜，煮沸即可。

在烤牛肉上浇淋上热好的生姜酱汁，与沙拉一同摆盘。

嫩煎洋葱酱

有马邦明

- 嫩煎洋葱食用方法与混炒蔬菜酱相同。如果不想在料理中搭配胡萝卜的橙色，可使用嫩煎洋葱酱代替混炒蔬菜酱。
- 冷藏可保存两周，亦可冷冻。

完美保留洋葱香甜的酱料。

材料
洋葱薄片…10个的量
白芝麻油…适量（较多）
意式小牛骨高汤…适量

1 制作嫩煎洋葱。将洋葱直接放入油锅中炸，水分炸出后调小火，慢慢炸至茶褐色。其间洋葱缩水后可舀出部分油，继续煎炸至洋葱中多余的油分析出。
2 步骤 1 中的嫩煎洋葱变得软烂后加入意式小牛骨高汤稀释。

* 嫩煎洋葱适用于各种料理，建议多制作一些备用。

◎ 奶汁烤洋葱汤

材料
嫩煎洋葱酱…适量
意式高汤…适量
迷你番茄…两个
面包…适量
帕尔玛奶酪碎…适量（较多）

1 将嫩煎洋葱酱与意式高汤倒入锅中煮匀。
2 向步骤 1 锅中加入番茄、面包和奶酪碎。
3 放入烤箱中烤至奶酪焦黄。

* 还可加入芜菁、煮土豆或打入鸡蛋。

大蒜酱汁

有马邦明

● 适合腌肉时做调味料。也可加入肉馅或腌泡汁中做调味料。
● 冷藏可保存四五天。时间过久香味会消散。

在意式小牛骨高汤中增添油炸大蒜的香味。

材料
意式小牛骨高汤…200ml
大蒜末…3~4瓣
白芝麻油…适量

1 白芝麻油用中火加热，放入大蒜末炸至外表
　呈茶褐色。
2 油炸过的大蒜末加入到意式小牛骨高汤中，
　放至一两天，待味道融和后即可使用。

* 小火炸大蒜无法激发出其香味，只会让大蒜变软（就成了
　皮埃蒙特酱，见P50），这里的要点是用较高的油温快速消
　除大蒜中的水分，激发香味。
* 如想增添甜味，可以加入浓红酒酱汁（制作方法参考P3）。

◎ 红椒酿意式肉馅配大蒜酱汁

将意式香肠塞入红辣椒中煎烤，盛入铺有大蒜酱汁的容器中。

材料

意式肉馅　　　　　　彩椒（小）…适量
　猪绞肉…300g　　　大蒜酱汁…适量
　大蒜末…1/4瓣　　　橄榄油、面粉…各适量
　味噌…两小勺
　迷迭香、肉豆蔻…少许

* 将所有材料混合均匀。

1 彩椒切半，去籽。
2 将意式肉馅塞进彩椒中，上面撒上薄
　薄一层面粉。
3 平底锅烧热，倒入少许橄榄油，将步
　骤2中的红椒酿意式肉馅倒扣着煎至
　焦黄。
4 翻面煎烤（肉汁从彩椒中流出，与热
　油混合将彩椒煎至喷香）。
5 装盘，淋上大蒜酱汁。

皮埃蒙特酱

有马邦明

● 适合加热后调拌新鲜蔬菜食用，也可用在意面或炖煮料理中调味。
● 冷藏可保存两周。

在芝麻油中加入大蒜与凤尾鱼制作而成的浓厚酱料。

材料
大蒜…20瓣
凤尾鱼…3条
白芝麻油…适量

1 大蒜与凤尾鱼用刚好没过材料的白芝麻油慢火炸。类似油封大蒜的制作方法，火太大容易焦。
2 大蒜软化后，将材料倒入搅拌机中打碎（也可使用研钵或勺子碾碎）。

* 在此款酱料中加入松露加热，用新鲜蔬菜蘸取食用，是意大利皮埃蒙特地区的传统料理。
* 大蒜是整瓣炸的，也可去除中间的芽后再炸。

◎ 皮埃蒙特酱拌菊苣芯

材料
菊苣…适量
盐…适量
皮埃蒙特酱…适量
胡椒碎…适量

1 在菊苣芯上划上十字刀，放入浓度为1%的盐水中煮软。
2 将煮过的菊苣竖切，趁热涂上皮埃蒙特酱，撒上少许胡椒碎即可食用。

* 也可放入烤箱制作奶汁烤菜。

自制塔巴斯科辣椒酱

和知徹

● 适合搭配比萨和或意面食用。也可用来做烤肉蘸料、代替柚子胡椒。
● 冷藏可保存一周。

根据嗜辣程度可调整青辣椒的量。

材料
青辣椒末…100g
盐…2g
白葡萄酒醋…50ml

将所有材料混合，放置三日后即可使用。

◎ 欧芹生菜沙拉

材料（2人份）
欧芹…20g
意大利香芹…20g
紫叶生菜碎…1片
A 酱油…1大勺
　　红葡萄酒醋…1/2大勺
　　芝麻油…1/2大勺
　　自制塔巴斯科辣椒酱…少许（隐含味道）

将蔬菜混合，用A中的调料调拌均匀即可。

面包酱

有马邦明

● 适合用来增添酱汁的黏稠度，或用在酿肉等料理中，也可以用来制作面包粥。
● 冷藏可保存一周左右。

在北意大利，有在此基础上加入骨髓与大量胡椒制作而成的酱料。

材料
面包（法式面包、吐司等）…100g
意式高汤…200~400ml
嫩煎洋葱酱（见P48）…2~4大勺
盐、胡椒粉…各适量

1 面包需风干或烤成焦黄色。
2 将步骤1中的面包与意式高汤用小火炖煮。
3 面包煮化后加入嫩煎洋葱酱，撒上盐和胡椒粉，煮至色泽光亮。

◎ **番茄面包粥**

材料
面包酱…200g
意式高汤…适量
混炒蔬菜酱（见P47）…3~4大勺
番茄酱汁（P36）…200g
意大利香芹粗末…适量
特级初榨橄榄油、盐…各适量
帕尔玛奶酪末…适量

1 将面包酱、意式高汤、混炒蔬菜酱和番茄酱汁一同倒入锅中炖煮入味，加盐调味。
2 装盘，四周淋上橄榄油，撒上意大利香芹粗末和帕尔玛奶酪末。

* 意大利家常料理，可以吃的汤。

法式蘑菇酱

古屋壮一

● 适合作为意面酱使用，或涂抹在炖煮、烧烤的牛肉上食用，还可涂抹在鸡胸肉上裹面包粉煎炸。也可加入少许白葡萄酒，作为煎贝类的酱汁。
● 冷藏可保存一周。

饱含蘑菇美味的浓厚酱料。

材料
蘑菇…300g
橄榄油…适量
大蒜末…1小勺
红葱末…1大勺
白葡萄酒…1大勺
盐、胡椒粉…各适量

1 蘑菇切成薄片，用橄榄油煎干水分，用料理机中搅成糊。
2 大蒜与红葱用橄榄油炒香，加入蘑菇糊继续翻炒。
3 加入白葡萄酒增香，再加入盐和胡椒粉调味。

◎ 扁意面

材料
扁意面（熟）…50g
法式蘑菇酱…2大勺
鲜奶油…两大勺
黑胡椒…适量

煮熟的扁意面放入平底锅中，加入法式蘑菇酱与鲜奶油，一边加热一边调拌均匀，后撒上粗磨黑胡椒。

炖蘑菇酱

● 适合与海鲜和鸡肉一同炖煮，或与芋头、油菜、萝卜等蔬菜炖煮。
● 冷藏可保存一周。

在橄榄油中添加了蘑菇风味的酱料，
可使用任何种类的蘑菇。

材料
香菇…6个
丛生口蘑…1盒
杏鲍菇…1盒
大蒜末…1大勺
红葱末…1大勺
香菜子…20粒
百里香…1枝
月桂叶…1/2片
白葡萄酒…100g
*鲍鱼高汤…500ml
橄榄油…适量

* 鲍鱼高汤，将鲍鱼与切成 2cm 见方的白萝卜一起放入酒香海鲜高汤与鸡肉高汤中，炖煮 2 小时。
* 高汤可调整，可根据料理使用其他贝类、鱼类、鸡肉等制作。

1 香菇切成六等份，杏鲍菇切成适口大小，丛生口蘑掰散。
2 在平底锅中用橄榄油炒香大蒜。
3 加入红葱继续炒香，再加入香菜子、百里香、月桂叶炒香。
4 加入步骤 1 中的蘑菇翻炒，加入白葡萄酒炒至酒精蒸发，再加入鲍鱼高汤炖煮 15 分钟左右。

◎ 清炖鲍鱼蘑菇汤

向锅中加入酒香海鲜高汤与鸡肉高汤，放入
萝卜与鲍鱼炖煮2小时左右。将鲍鱼从壳中剥
出，加入炖蘑菇酱，混合加热片刻即可。

豆腐蛋黄酱

和知徹

● 与蛋黄酱的使用方法相同。注意不要加热过度。
● 即用即做。

豆腐制作的健康酱料，加入芝麻酱增添浓醇口感。无油低卡，适合减脂人士。

材料
嫩豆腐…1块
第戎芥末…两大勺
芝麻酱…两大勺
米醋…1小勺
盐、胡椒粉…各适量

将所有材料放入料理机中打成糊。

* 不同品牌的豆腐软硬度有细微的差别，可根据自己的喜好用厨房用纸吸取豆腐中的水分，调整酱料的浓度。

◎ 青菜沙拉

材料
油菜…3棵
壬生菜…与油菜等量
豆腐蛋黄酱…两大勺
盐、胡椒粉…各适量
煎白芝麻…1小勺

1 将油菜与壬生菜用盐水（1L水对两小勺盐的比例）烫熟，沥干水分。
2 用豆腐蛋黄酱、盐和胡椒调拌烫熟的蔬菜。
3 装盘，撒上煎白芝麻碎。

◎ 凉拌胡萝卜与根芹菜丝

材料
胡萝卜丝…1/2根
根芹菜丝…与胡萝卜等量
意大利香芹末…少量
豆腐蛋黄酱…两大勺
柠檬汁…少量
盐、胡椒粉…各适量

用意大利香芹末、1大勺豆腐蛋黄酱、柠檬汁分别调拌胡萝卜丝与根芹菜丝，加入盐和胡椒粉调味。

* 可搭配其他料理食用。

◎ 时尚土豆沙拉

符合成人口味的土豆沙拉，口感清爽。

材料

土豆…1个

水煮蛋…1个

绿橄榄…10个

扁豆…3根

豆腐蛋黄酱…两大勺

盐、胡椒粉…各适量

干番茄丝…1片的量

1 土豆煮熟捣碎，扁豆煮熟后切成适口大小，与切碎的水煮蛋和绿橄榄混合后，用豆腐蛋黄酱、盐和胡椒粉调味。

2 装盘，用干番茄丝装饰。

◎ 低卡煎蛋三明治

材料（2-4 人份）

鸡蛋…3个

无盐黄油…15g

盐、胡椒粉…各适量

豆腐蛋黄酱…1大勺

吐司…4片

1 将吐司烤焦，一面涂上豆腐蛋黄酱。

2 在直径 15cm 的特氟隆平底锅中放入黄油烧化。

3 将用盐和胡椒粉调过味的蛋液倒入黄油中，做成蛋卷。

4 将蛋卷切半，用两片吐司夹起做成三明治，切成适口大小。

◎ 牛油果沙拉

牛油果加入酸橙汁和豆腐蛋黄酱打成泥。

材料

牛油果（熟透的）…1个

酸橙汁…1个

豆腐蛋黄酱…两大勺

盐、胡椒粉…适量

将牛油果的果肉捣碎，加入豆腐蛋黄酱和酸橙汁，用盐和胡椒粉调味。搭配墨西哥玉米脆片食用。

* 也可根据喜好加入切碎的香菜和塔巴斯辣酱油。

水果类酱料

草莓酱

古屋壮一

- 可以加入各种水果丁做成水果甜汤。
- 热红酒冷藏可保存1周以上，加入草莓会容易变质，建议即用即加。

混合了香料风味的热红酒与草莓混合而成。

材料
草莓…300g
热红酒（便于制作的量）

| 红酒…600g
| 砂糖…120g
| 肉桂…16g
| 丁香…2粒
| 茴芹…2片
| 橙子薄片…1片
| 柠檬薄片…1片
| 香草棒…1枝

1 将制作热红酒的材料放入锅中煮开，酒精蒸发后关火，放置半天待凉。
2 草莓去蒂，将步骤1中热红酒滤渣，取一半，与草莓一起放入搅拌机打成糊。

◎ 草莓酱盐奶冰淇凌

材料
盐奶冰淇凌（混合加入冰淇淋机中）

| 牛奶…800ml
| 鲜奶油…200ml
| 炼乳…200ml
| 盐…4g
| 麦芽糖…160g
| 食品增黏剂…5g
草莓酱…适量

在容器中盛入足量的草莓酱，加入盐奶冰淇凌。

橘子酱

● 搭配木薯淀粉、高纤维椰果或直接食用都非常美味。
● 冷藏可保存三四天。

新鲜柑橘风味十足的果冻。

材料
柑橘果肉…500g
砂糖…25g
琼脂…25g

1 橘子剥出果肉，挤出果汁（挤够 300g）。
2 混合砂糖和琼脂。
3 将步骤 1 中的柑橘果汁放入锅中加热至
  50℃，加入步骤 2 的材料。
4 将步骤 1 中的柑橘果肉扯成 3 段放入大碗
  中，加入步骤 3 的材料，将大碗浸入冰水中
  冰镇。

◎ **橘子冰淇淋与橘子酱**

材料
橘子冰淇淋
　橘子果汁…适量
　糖浆（波美30℃）…适量
　食品增黏剂…适量（根据需要添加）
可安多乐酒刨冰（便于制作的量）
　可安多乐酒…500g
　水…500g
　砂糖…200g
橘子酱…适量
橘皮粉（将橘子皮晒干后磨成粉）…少许

1 制作橘子冰淇淋，在橘子果汁中加入波美 30℃ 的
  糖浆，调整成 22% 的甜度。根据需要添加食品增
  黏剂，放入冰淇淋机中。
2 制作可安多乐酒刨冰，将可安多乐酒倒入锅中开
  火煮至酒精蒸发，加入水和砂糖搅拌至溶解，放
  凉后倒入模具中放入冰箱。中途取出几次捣碎，
  冷冻成刨冰。
3 将橘子酱铺在食器底部，盛上橘子冰淇淋与可安
  多乐酒刨冰，橘皮粉撒在四周。

酸橙酱

古屋壮一

● 适合搭配巧克力、香蕉等甜点，以及贝类鞑靼等食用。
● 冷藏可保存一个月。

完美保存酸橙酸甜风味的酱汁，颜色也十分漂亮。

材料
酸橙…10个
砂糖…200g
色拉油…1大勺

1 酸橙去皮，酸橙皮焯水后再将水倒掉，重复三次。果肉挤成果汁。
2 将步骤 1 中的酸橙皮放入锅中，加入刚好没过酸橙皮的水，煮 30 分钟左右至酸橙皮变软。倒掉水，加入步骤 1 中的酸橙果汁，再加入砂糖煮 30 分钟左右，放凉。
3 将步骤 2 的材料放凉后倒入搅拌机，一边加少许水调整浓度，一边搅拌，最后加入色拉油搅拌。

◎ 酸橙酱巧克力蛋糕

材料
巧克力蛋糕
　鲜奶油…500g
　鸡蛋…1个
　蛋黄…4个
　砂糖…80g
　水…40g
　可可粉…20g
　巧克力（可可含量61%）…200g
　柑曼怡酒…30g
酸橙酱…适量

1 砂糖与适量的水加热至 118℃。
2 鸡蛋与蛋黄倒入大碗中，一边加入步骤 1 中的糖水，一边搅拌，做成炸弹面糊。
3 取一只大碗，放入可可粉与巧克力隔水加热至融化。
4 将炸弹面糊加入融化的巧克力，加入打发六七分的鲜奶油，再加入柑曼怡酒。
5 将步骤 4 的材料倒入模具中，放入冰箱冷藏定型。
6 盘中撒一圈巧克力粉，中间用裱花袋挤出适量酸橙酱，巧克力蛋糕切块，摆在中央。

香菜橙汁酱

古屋壮一

● 适合搭配鸭肉、羊肉食用。将小牛高汤换成酒香海鲜高汤即可搭配鱼类料理食用。
● 冷藏可保存两周。

香菜与橙子的味道非常相配，是一款很适合搭配肉类料理食用的酱汁。

材料
砂糖…1大勺
橙汁…50ml
法式高汤…30ml
小牛高汤…50ml
香菜子…10粒
盐…适量

1 将砂糖放入锅中炒出焦糖色。
2 向步骤1锅中加入橙汁煮至浓缩，再加入法式高汤，煮至浓缩成一半的量。
3 向步骤2锅中加入小牛高汤，与研碎的香菜子煮至浓缩，加盐调味。

在烤鸭胸肉上浇淋上热好的香菜橙汁酱。

枇杷酱

有马邦明

● 适合搭配肉类料理或面包使用。也可搭配甜点等。
● 冷藏可保存两周。

枇杷混合酸味较强的葡萄果汁，风味独特。

材料
枇杷…20个
砂糖…适量（枇杷重量的20%~30%）
*白葡萄果汁…200ml

＊此处使用的是葡萄制作的酸味较强的果汁，如果使用较甜的葡萄果汁，则需适当减少砂糖的用量。

1 枇杷剥皮，撒上足量的砂糖，加入葡萄果汁慢火煮。
2 煮至有光泽后关火，将果肉捣成泥。

苹果酱

古屋壮一

● 可加入少量鲜奶油做成甜汤。

● 冷藏可保存一周。

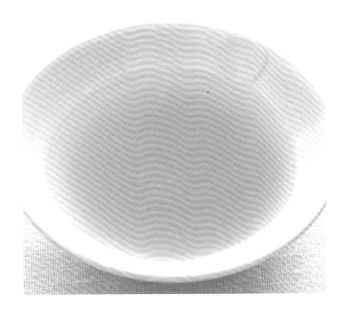

尽享苹果清爽美味的酱汁。

材料

苹果…适量

砂糖…适量

A| 鲜奶油…1大勺
   卡尔瓦多斯酒…1小勺

1 苹果削皮去核，加入刚好没过苹果的水慢煮 1 小时（根据苹果的甜度与喜好加入适量砂糖）。

2 步骤 1 的材料放入搅拌机打成泥。

3 每 100g 苹果泥中加入 1 份材料 A 混合。

◎ 苹果酱与苹果薄饼

材料

苹果薄饼

苹果…1个

A| 鸡蛋…1个
   黑糖…50g
   盐…1g
   杏仁粉…40g
   低筋面粉…40g
   肉桂粉…1g
   泡打粉…1.5g
   融化的无盐黄油…30g
   朗姆酒…5g

苹果片（苹果薄片用食品干燥机烘干而成）…适量

苹果酱…适量

1 制作苹果薄饼。将苹果削皮去核切成八等份，切成薄片。

2 材料 A 中的粉末类材料放入大碗中用打蛋器搅匀，再加入剩余材料混合，最后加入苹果薄片混合均匀。

3 将步骤 2 的材料放入戚风蛋糕模具中，用 170℃的烤箱烤 40 分钟。

4 待苹果薄饼冷却后切成适当大小，插上苹果片后装盘，搭配苹果酱。

火龙果与罗勒种酱

古屋壮一

● 可加入白葡萄酒果冻等或直接浇在水果上做成甜点。或浇淋在发光鱼类的卡帕奇欧上。
● 冷藏可保存两三天。

火龙果的黑籽使得酱料外观格外有趣，用于甜点或前菜中非常诱人。

材料
泡发的罗勒种…两大勺
火龙果小丁…两大勺
糖粉…1小勺
白葡萄酒醋…1小勺

将罗勒种与火龙果放入大碗中混合，加入糖粉与白葡萄酒醋调拌均匀。

◎ **什锦果盘**

将香蕉、草莓、苹果和去皮的巨峰葡萄切成适口大小，加入火龙果与罗勒种酱，调拌后装盘，撒上小茴香。

无花果酱

古屋壮一

● 可以加入少量的小牛高汤，作为猪肉或鸭肉的酱料。
● 冷藏可保存一周，冷冻亦可。

无花果的甜与红酒的酸完美结合。

材料
无花果、红酒、砂糖…各适量

1 无花果带皮切成适当大小，加入刚好没过无花果的红酒煮至酒精蒸发。
2 加入砂糖煮约5分钟，入味后将所有材料用搅拌机中打成泥。

* 砂糖的量根据无花果甜度调整。

搭配法式鹅肝冻食用。

梅子酱

有马邦明

● 适合搭配芝士和肉类料理，也可加入沙拉酱中使用。还可加入肉类腌泡汁或甜点中。用途广泛。
● 装入保鲜袋中密封好，冷藏可保存一个月左右。

类似意大利杏子酱，用制作完梅子糖浆后的梅子制作。酸甜口味，呈果酱状。

材料
梅酒（按一般方法制作）
| 青梅…1kg
| 烧酒…2L
| 冰糖…200~300g
梅子糖浆（按一般方法制作）
| 青梅…1kg
| 冰糖…200~300g

将制作完梅子糖浆后的梅子去核，加入适量的梅酒打成泥。

* 用于腌泡时，可将葡萄酒、梅子酱、大蒜片、杜松子酒混合后用来腌泡鹿肉等。
* 用于甜点中时，可代替果酱加在饼干或蛋糕中，或加入鲜奶油做成鲜奶冻，加入糖浆做成意式冰淇淋等。

◎ 梅子甜点

材料
梅子酱…适量
明胶…适量
*无花果冰淇淋…适量

* 无花果煮熟去皮，涂满砂糖后捣碎，加入酸橙果汁放入冰淇淋机中制成。

1 将梅子酱放入锅中，煮至快焦时加入少量水。
2 加入泡发的明胶并搅拌均匀。
3 倒入方盘中，放入冰箱冷藏成型。
4 切成适口大小后装盘，加入无花果冰淇淋。

* 梅子的酸味非常开胃，适合作为夏季的甜点。

水果干酱

有马邦明

● 除了搭配与水果相配的料理和食品以外，还可揉进点心或面包的面坯中。
● 冷藏可保存两三周。

有嚼劲的果酱状酱料。

材料

水果干（根据喜好选择，预先在糖浆或白兰地酒中
腌泡好）…500g
果汁（与水果干种类对应的果汁）或红酒…500ml

1 水果干在糖浆或白兰地酒中腌泡后，加入果汁煮
   至水果干变软。
2 放凉后捣成泥。

* 最好使用与水果干种类对应的果汁，但也可使用方便买到的葡萄
  果汁或苹果汁（柑橘类的果汁与其他水果混合后香味会压制住其
  他水果，应避免使用）。
* 也可使用用巴萨米克醋腌泡过的水果干（如 P25）。

◎ 意式饼干

材料

A | 面粉…150g
  | 砂糖…150g
  | 杏仁粉…100g
  | 鸡蛋…2个
  | 盐…少量
水果干酱…适量
水果干…适量
小豆蔻粉…少量

1 将 A 中材料混合，再加入切好的水果干
   和水果干酱，根据喜好添加小豆蔻粉，混
   合均匀。
2 将步骤 1 的材料揉成长条形，放在烤盘
   中，180℃烤箱烤制 10 分钟后取出，切
   成适口大小。
3 将烤箱的温度调成 130℃，再将步骤 2 中
   的饼干烤二三十分钟，至饼干中水分消
   失，酥脆焦香。

海鲜、海鲜加工品类酱料

乌贼墨酱

有马邦明

● 适合作为意面、意式烩饭、鱼类料理的酱汁，还可以揉进面坯中制作面包。
● 冷藏可保存一周。

加入了鲜奶油，口感柔美。

材料
橄榄油…两大勺
大蒜…1瓣
咸腌乌贼…1小勺
*新鲜乌贼内脏…5只
日本酒…2~3大勺
嫩煎洋葱酱（见P48）…3~4大勺
番茄酱汁（见P36）…3~4大勺
乌贼墨…5只
鲜奶油…150ml

* 请务必使用新鲜的乌贼内脏，否则可能会太腥臭。

1 用橄榄油煎炒大蒜，加入咸腌乌贼翻炒，去除臭味（事先煎炒可炒出香味）。
2 加入切成大块的乌贼内脏继续翻炒，加入日本酒、嫩煎洋葱酱、番茄酱汁炖煮。
3 加入乌贼墨和鲜奶油，小火煮至水分浓缩至一半的分量。

◎ 菠菜炖乌贼

材料
乌贼…1只
菠菜…两把
乌贼墨酱…1大勺
番茄酱汁（见P36）…4~5大勺
花蛤高汤（见P69）…80ml
大蒜…1/4瓣
橄榄油…适量
白葡萄酒醋…1大勺
*白扁豆泥…1大勺
意大利香芹末…少量

* 白扁豆用水泡发，与大蒜、红辣椒、肉豆蔻、迷迭香一同放入锅中，加入刚好没过食材的水，慢火煮至白扁豆软烂，放凉后用搅拌机打成糊。

1 将乌贼清理干净，切成适口大小，去除腕足上的吸盘。
2 用橄榄油炒香大蒜，再加入白葡萄酒醋、番茄酱汁与约40ml的花蛤高汤，煮至浓缩成约一半的分量。
3 加入步骤1中的乌贼，加热，再加入乌贼墨酱与切成适口大小的菠菜，煮15分钟左右。
4 另取一口锅，加入白扁豆泥与40ml花蛤高汤开火加热，加一些橄榄油。
5 将步骤3和4的材料一起装盘，撒上意大利香芹末。

* 意大利托斯卡纳地区的著名料理，使用完整的乌贼煮制。
* 加入了番茄与葡萄酒醋，乌贼变得非常软烂。

白葡萄酒乌贼墨酱

古屋壮一

● 适合作为意面、意式烩饭、鱼类料理的酱汁。
● 冷藏可保存四五天。冷冻亦可。

加入了大量白葡萄酒的奢华酱汁。

材料

鱼骨、鱼杂…1kg
橄榄油…适量
洋葱薄片…1个的量
胡萝卜薄片…半根的量
芹菜薄片…两根的量

大蒜…半瓣
百里香…1枝
月桂叶…1片
白葡萄酒…1L
整番茄罐头…800g
乌贼墨…300g

1 鱼骨和鱼杂用橄榄油翻炒片刻，再加入洋葱、胡萝卜、芹菜继续翻炒。最后加入余下的材料炖煮30分钟。
2 将步骤1中食材滤渣，得到酱汁。

◎ 乌贼墨意式烩饭

油亮的黑色饭粒很特别，加入切成小段的嫩煎长枪乌贼陪衬。

材料

米饭…100g
无盐黄油…20g
红葱末…1小勺
白葡萄酒乌贼墨酱…两大勺
A│ 帕尔玛奶酪碎…1小勺
　│ 无盐黄油…1小勺
盐、胡椒粉…各适量
长枪乌贼净肉…4块
橄榄油…适量
小绿紫苏…少许

1 锅中放入黄油和红葱翻炒。
2 加入米饭与115g水煮沸后，再煮15分钟。
3 煮过的米饭取3大勺放入另一口锅，加入白葡萄酒乌贼墨酱加热。加入A搅拌均匀，用盐和胡椒粉调味。
4 长枪乌贼的一面切成网状，在平底锅中用橄榄油轻煎片刻。
5 将步骤3中的烩饭装盘，配上煎好的乌贼肉，最后撒上小绿紫苏即可。

鲍鱼肝酱

有马邦明

● 适合搭配鲍鱼料理，涂抹后煎烤等。

● 冷藏可保存一周。

完美保留了鲍鱼肝醇厚风味的酱料。

材料
鲍鱼肝…20个
*鲍鱼高汤…适量
日本酒…150ml
大蒜薄片…两片
鱼露…2~3大勺
嫩煎洋葱（见P48）…4~5大勺
盐、胡椒粉…各适量

*鲍鱼肝与鲍鱼高汤：将带壳的鲍鱼放入水中，小火煮至
  牙签可轻松穿透鲍鱼肉，取出放凉，再取出鲍鱼肝。将
  鲍鱼肝与方才煮鲍鱼的高汤作为原材料。

1　煮过的鲍鱼肝加入鲍鱼高汤、日本酒、大蒜、
　　鱼露、嫩煎洋葱炖煮。

2　待鲍鱼肝煮透（把握好火候，必须煮透，
　　但煮得太过火口感也会变差），取出，放
　　入搅拌机中，加入高汤边搅拌边调整浓度，
　　最后加入盐和胡椒粉调味。

* 也可根据喜好加入味噌。

◎　鲍鱼肝酱烤鲍鱼

材料
鲍鱼肉（制作鲍鱼高汤时煮好的）…适量
鲍鱼肝酱…适量
海鳗、土豆、海鳗高汤…各适量
时令蔬菜…适量

1　在鲍鱼肉上涂抹上鲍鱼肝酱，在平底锅中小火煎烤。

2　将煎烤过的海鳗与煮熟的土豆一同捣碎，加入海鳗高汤，
　　炖煮至软烂，盛盘，摆上煎鲍鱼，并装饰上用盐水焯熟的
　　蔬菜。

香鱼肝酱

有马邦明

● 适合搭配香鱼料理食用。
● 冷藏可保存四五天。

非常美味的一款酱汁，带一点肝脏的苦味。秋刀鱼、沙丁鱼等其他鱼类的肝脏也可按同法制作。

材料
*新鲜香鱼肝…50g
嫩煎洋葱（见P48）…1大勺
日本酒…2~3大勺
盐…适量
油脂（橄榄油、菜籽油、黄油等均可）…适量

*将香鱼切成三片，取出肝脏（余下的鱼肉、鱼头、鱼骨用于下方介绍的料理中）。

1 将香鱼肝、嫩煎洋葱和日本酒一起用小火炖煮至汤汁全部浓缩。
2 将步骤1的材料捣碎，加盐调味，也可根据喜好加入少量的油脂。

◎ 法式香鱼肉冻与香鱼肝酱

材料
香鱼肉（切成三片）…30条的量
香鱼头、骨…30条的量
盐…适量
香味蔬菜（大蒜、洋葱、大葱等）…适量
明胶…10g
香鱼肝酱…适量
西式泡菜（腌泡莲藕、蘘荷草）…适量
青柚皮粗末…少量

1 香鱼头和鱼骨加盐煎烤，加入水与香味蔬菜炖煮。熬出香味后滤渣，取香鱼高汤。
2 在香鱼肉上撒上少许盐，在平底锅中两面煎熟。
3 明胶事先泡发，取150ml香鱼高汤加热，放入沥干水分的明胶，煮至融化。
4 将保鲜膜铺在制作肉冻的模具中，再将步骤2中的香鱼肉放入模具中，装满2/3，最后倒入步骤3中的高汤。放入冰箱冷藏使其凝固。
5 将冻好的肉冻切成易食用的厚度，装盘，旁边放少许香鱼肝酱和西式泡菜，最后撒上青柚皮。

凤尾鱼酱

古屋壮一

● 适合调拌蔬菜或搭配鱼类料理。
● 冷藏可保存10天以上。

源自普罗旺斯的酱料，咸鲜的凤尾鱼非常美味。

材料
凤尾鱼…20条
青椒…5个
大蒜…1头
绿橄榄…150g
橄榄油…225g

1 青椒去籽去蒂，大蒜剥皮，将所有材料用搅拌机中搅拌。
2 将步骤1的材料用小火慢煮20分钟左右，冷却后即可使用。

◎ 尼斯风沙拉

将黄瓜、土豆（煮熟后剥皮）和金枪鱼肉切成适口大小，用凤尾鱼酱调味后装盘，最后装饰上紫罗勒。

花蛤高汤

有马邦明

● 可用来调和用于鱼类料理的蔬菜酱汁，或作为意面酱汁使用。加入青酱调和会变成翡翠色的酱料。

● 冷藏可保存一周。

贝类高汤比鱼类高汤更易制作，鲜香美味，便于使用。

材料
花蛤（吐沙后使用）…适量
日本酒…适量
鱼露…少量

1 将花蛤与日本酒倒入锅中，盖上锅盖煮沸，加入刚好没过食材的水，小火慢炖。中途加入鱼露（根据花蛤的咸度调整量）。
2 花蛤开口后即可取出，去壳取肉。
3 继续将高汤煮至浓缩成 1/4~1/5 的分量。
4 趁汤还热的时候，加入步骤 2 中的花蛤肉浸泡。

◎ 花蛤青酱炖芜菁

材料
芜菁薄片…适量
花蛤高汤…适量
青酱（见P31）…适量
无盐黄油…适量

1 芜菁加入刚好没过食材的花蛤高汤，盖上锅盖，小火炖煮，使芜菁中的水分析出，融入花蛤高汤，高汤精华也融入芜菁中。
2 加入在花蛤高汤中浸泡过的花蛤肉，再加入青酱与少量黄油调味。

＊注意不要大火煮，否则芜菁会很快煮烂。小火慢煮保持口感是此道料理的关键。

马赛鱼汤酱

古屋壮一

● 适合搭配鱼类、乌贼、章鱼、贝类等所有海鲜，也可加入米饭做成意式烩饭。
● 冷藏可保存一周。

用浓缩了鱼与蔬菜鲜美风味的马赛鱼汤做成的酱汁。

材料
鱼骨、鱼杂…1kg

A｜ 洋葱末…1个
　 芹菜末…1/2根
　 胡萝卜末…1/2根
　 大蒜…半瓣
　 百里香…两根
　 月桂叶…1片
　 八角…1/2个
　 杜松子…1个
　 丁香…1根
　 孜然…1小勺

白葡萄酒…500ml
浓缩番茄…3大勺
整番茄罐头 …800g
藏红花…两小勺
橄榄油…适量

1 铁板上浇少许橄榄油，铺上鱼骨和鱼杂，放入250℃的烤箱中烤约10分钟。
2 向锅中倒入橄榄油，加入材料A翻炒。
3 向步骤2锅中加入烤好的鱼杂和鱼骨，倒入白葡萄酒煮至酒精蒸发，加入浓缩番茄和整番茄罐头，再倒入刚好没过食材的水，加入藏红花炖煮两小时左右，最后用漏勺滤渣。

◎ 白葡萄酒蒸淡菜

材料（2人份）
淡菜…6只
蒜末…1小勺
红葱末…1小勺
白葡萄酒…20ml
橄榄油…适量
马赛鱼汤酱…适量

1 蒜末和红葱末用橄榄油炒香。
2 加入淡菜翻炒片刻，加入白葡萄酒，盖上锅盖，蒸煮至淡菜开口。
3 装盘，浇淋上热好的马赛鱼汤酱。

肉、肉加工品类酱料

猪肉酱

和知徹

● 与绞肉和肉酱一样，可用于各式料理中，也可直接食用。
● 冷藏可保存四五天（用猪油封存）。

用法多样，轻松为料理增添奢华感。

材料
里脊肉（切成适口大小）…500g
盐…8g
洋葱碎…1/2个
大蒜…两瓣
百里香…3根
月桂叶…1片
猪油…2L

1　里脊肉上涂满盐腌制一晚。
2　将腌好里脊肉与其他材料一同倒入锅中，以
　　七八十度的火候煮至猪肉软烂。
3　将步骤 2 中的肉放入料理机中搅拌，根据硬度调
　　整加入适量步骤 2 中的猪油，打成肉酱。

◎ **芝士焗通心粉**

将通心粉（40g干面）煮熟后放入耐热容器中，加
入4大勺猪肉酱与3大勺格鲁耶尔奶酪，放入200℃
烤箱中烤至表皮呈黄褐色，撒上意大利香芹。

◎ **热三明治**

圆白菜切碎，加入醋和盐揉
匀，再加入少量咖喱粉搅拌
均匀。取3大勺，加上3大勺
猪肉酱夹入两片吐司中，放
入三明治机，烤至外皮焦黄。

◎ **法式彩椒菜肉蛋卷**

将半个红彩椒切成1cm见方
的小丁。取6个鸡蛋，4大勺
猪肉酱，加入红彩椒丁混合
均匀，像摊薄饼一样用黄油
煎至两面金黄。

爽滑猪肉酱

和知徹

● 适合做沙拉酱搭配新鲜蔬菜，也可搭配煮肉食用，还可加入土豆沙拉中。
● 冷藏可保存两三天。

与猪肉酱（见P71）的前两步相同，第3步开始有变化。将125g煮好的猪肉，与100g煮猪肉用的猪油、50ml牛奶一同倒入料理机中，搅拌成爽滑的肉泥。

◎ 蘸酱

装入小杯，搭配切成条状的蔬菜棒。

混合肉酱

有马邦明

● 适合调拌煮土豆，也可混合面包粉和米饭油炸食用，还可加入番茄酱汁做意面酱。
● 冷藏可保存两周左右，也可分成小份冷冻保存。

用未经过煸炒的绞肉制作而成的简单美味肉酱。不添加番茄酱汁，可作为各种酱料的酱底。

材料
*混合绞肉…200g
生姜末…1小片
橄榄油…1大勺
日本酒…4大勺
鱼露…半大勺
意式高汤（或水）…适量
洋葱末…1大勺

* 混合绞肉中如含有猪肉，则会油脂丰富，做出来的肉酱口感更柔美。

1 锅中加入日本酒、橄榄油和生姜末煮沸，再加入鱼露、意式高汤和洋葱制成高汤。
2 向高汤中加入混合绞肉煮熟。

鸭肉酱

有马邦明

● 适合用在意面、意式烩饭和酿肉中，或加入土豆泥中油炸食用，还可搭配烤面包或披萨。
● 冷藏可保存一周。

使用一只整鸭精炖而成的肉酱。

材料
鸭（去内脏）…1只
白葡萄酒…200ml
混炒蔬菜酱（见P47）…100g
番茄酱汁（见P36）…200g
迷迭香…3~4根
生月桂叶…2~3片
大蒜…两瓣
盐…适量

1 鸭子用盐腌制后在平底锅中煎至表皮焦黄。整只放入锅中，加入白葡萄酒、混炒蔬菜酱、番茄酱汁与刚好没过食材的水，加入迷迭香、月桂叶和大蒜小火慢煮。
2 中途将鸭子去骨剥肉，继续煮至鸭肉融入汤中，浓缩成酱为止。

◎ 鸭肉酱拌宽意面

材料（1人份）
宽意面…100g
鸭肉酱…60g
盐、特级初榨橄榄油…适量
意大利香芹末…适量
帕尔玛奶酪…适量

1 用浓度为1%的盐水将宽意面煮熟。
2 宽意面沥水后放入加热好的鸭肉酱中，加入橄榄油搅拌均匀。
3 装盘，撒上意大利香芹和帕尔玛奶酪碎。

意式培根酱

有马邦明

● 适合做意面酱或为炖煮料理调味，也可做酿肉馅。
● 冷藏可保存一个月左右，但是一定要将日本酒中的酒精煮至完全蒸发。

利用意式培根碎制作成的酱料。

材料

意式培根…100g
猪油…100g
大蒜末…1/2瓣
洋葱末…1/2个
红辣椒段或辣椒粉…少量
干番茄末…2~3块
白芝麻油…适量
日本酒…两大勺

1 将意式培根与猪油切碎。
2 平底锅中倒入较多的白芝麻油，油热后放入意式培根与猪油翻炒。
3 加入洋葱、加热过的日本酒、红辣椒和干番茄末，煮沸后关火。

◎ 意式培根小菜

材料

吐司（三明治用）…适量
意式培根酱…适量
土豆碎（熟）…适量
水煮蛋碎…适量
橄榄油…适量
无花果…适量

1 将意式培根酱、土豆与水煮蛋混合。
2 步骤1中的混合物盛在面包上，对折，用小铲子压合，再用比萨刀将边缘修整齐。
3 平底锅中倒入少量的橄榄油，放入步骤2的面包，煎至两面金黄。
4 切成适口大小，装盘，装饰上切好的无花果。

蛋类酱料

蛋黄雪利醋酱

古屋壮一

- 适合搭配萤鱿、乌贼或新鲜蔬菜，也可搭配土当归等有特殊风味的蔬菜。
- 冷藏可保存一周。

将鸡蛋冷冻，使蛋黄凝固后打成糊制作成的酱料，与日本的蛋黄醋颇为相似。

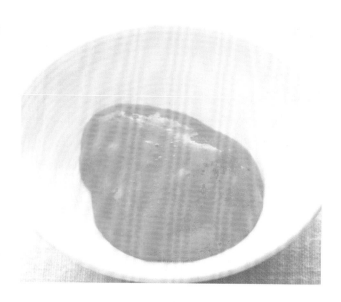

材料
蛋黄…10个
雪利醋…1小勺
盐…少许

1 将鸡蛋带壳放入冰箱冷冻。
2 解冻鸡蛋，剥出已冷冻凝固的蛋黄（蛋白用在其他料理中）。
3 将步骤2中的蛋黄用细筛网过筛两遍。
4 筛过的放入大碗，加入雪利醋和盐，用打蛋器搅拌均匀。

◎ **嫩煎长枪乌贼**

将长枪乌贼清理干净，剥皮后用盐腌制，用橄榄油煎至半熟后关火。切片后装盘，搭配蛋黄雪利醋酱，最后撒上紫罗勒。

塔塔酱

有马邦明

● 适合搭配油炸食品食用。也可用来调拌煮土豆、圆白菜等制作沙拉。

● 冷藏可保存一周。

一款非常实用的酱料。

材料

蛋黄酱

　蛋黄…1个

　白葡萄酒醋…1大勺

　芥末…1大勺

　白芝麻油…150~200ml

　盐、胡椒粉…各适量

西式泡菜（红辣椒、生姜等）…适量

红葱…1个

芥末粒…1小勺

水煮蛋…两个

1 制作蛋黄酱。在大碗中加入蛋黄、白葡萄酒醋和芥末，用打蛋器搅拌混合。少量多次加入白芝麻油用打蛋器混合均匀，再加入盐和胡椒粉调味。

2 将西式泡菜和红葱末放入水中浸泡后沥干水分，将水煮蛋过筛。

3 将步骤1和步骤2的材料与芥末粒混合均匀。

* 也可根据喜好加入少量辣椒油、大蒜等。

◎ 兔肉卷配塔塔酱

用兔背肉卷上以兔肉为主的绞肉馅制作而成，是意大利托斯卡纳地区的著名料理。塔塔酱中加入了青酱，呈柔嫩的绿色。

材料

兔肉（背部）…1只的量

兔肉绞馅…350g

鸡蛋…1个

混炒蔬菜酱（见P47）…3大勺

大蒜末…少许

盐、胡椒粉…各适量

迷迭香末…适量

塔塔酱…3大勺

青酱（见P31）…1大勺

欧芹油（意大利香芹加上白芝麻油放入搅拌机中打碎后取上方清油）、橄榄油…各少许

1 将兔肉从腹部切开，去骨。

2 将兔肉绞肉、鸡蛋、混炒蔬菜酱、大蒜、盐和胡椒粉混合，加入迷迭香末搅拌均匀。

3 在步骤1中的兔肉上放步骤2中的兔肉馅，用锡纸包裹后用线绑住，放入烤箱中烤制。

4 塔塔酱中加入青酱混合均匀。

5 将步骤3中的兔肉卷切成适口大小后装盘，搭配步骤4中的酱料。四周淋上欧芹油与橄榄油。

* 也可使用鸡肉代替兔肉制作。

日本酱汁及其料理

|基础酱汁、混合调味料

万能干烧酱汁

江崎新太郎

● 适合用于各种料理。也可作为寿喜烧或盖饭的浇汁
● 由于含有高汤，不易长时间保存。冷藏可保存三天左右。

基础款炖煮用酱汁，也可与各种调料混合煮匀，作为底料使用。

材料
鲣鱼丁与海带高汤…360ml
酒（酒精未煮蒸发）…180ml
本味醂…90ml
浓口酱油…70ml
砂糖…两大勺

将所有材料混合煮沸即可。

* 根据情况调整甜度，即可搭配各种食材。
* 如下述情况使用时，在做菜时将调料加入即可（酱油分两次加）。

◎ 干烧北海道鲕鲔

材料
鲕鲔…1条
*万能干烧酱汁的调料…适量

*上述分量的调料可烧三条鲕鲔

牛蒡…适量
树芽…适量

1 鲕鲔去除内脏，去腮刮鳞，在鱼头上划十字刀，背面横切花刀以便入味。牛蒡清洗后切成5cm的小段，竖着切几道花刀。
2 将万能干烧酱汁的调料（酒、砂糖、味醂、高汤、一半的酱油）一同倒入锅中煮沸，放入牛蒡和鲕鲔。盖上锅盖烧制10分钟，一边用长柄勺子搅拌酱汁一边倒入剩下的酱油，3分钟后即可出锅。
3 装盘后装饰上树芽。

凉拌蔬菜酱汁

- 用来凉拌蔬菜。
- 冷藏可保存3天。

适合用来调拌所有蔬菜的基础酱汁。

材料
水···400ml
淡酱油···50ml
味酥···25ml
酒···25ml
海带···5g
鲣鱼干···15g

1 将所有材料倒入锅中煮沸，放置待凉。
2 冷却后用厨房用纸过滤。

* 凉拌蔬菜：将蔬菜（菠菜等）用水焯熟后沥干水分，在酱汁中浸泡两小时左右。

◎ 凉拌蔬菜

将壬生菜切成适口大小、黄瓜、青紫苏叶、襄荷草切细丝，放入食器中浇淋上凉拌蔬菜酱汁拌匀，撒上白芝麻。

乌冬酱汁

- 适合做乌冬面、挂面的酱汁，也可当作炸鱼、炸豆腐、炸茄子的蘸料。
- 冷藏可保存三天。

用淡酱油做底，添加了鲣鱼干和海带美味的日本关西地区风味酱汁。

材料
水···400ml
淡酱油···50ml
味酥···25ml
酒···25ml
海带···5g
鲣鱼干···15g

1 将所有材料倒入锅中煮沸，放置冷却。
2 冷却后用厨房用纸过滤。

◎ 乌冬面

向锅中倒入乌冬酱汁煮沸，再加入煮好的乌冬面、京都油炸豆腐（切条）、葱丝、裙带菜（切小段）加热后盛出，最后放上一些青柚子皮细丝。

浓缩荞麦面酱汁

吉冈英寻

● 适合做荞麦面、乌冬面等的蘸汁，也可做调味料。
● 冷藏可保存一个月以上。

融入了小鱼干、鲣鱼干美味风味的浓缩荞麦面酱汁，也可做调味料使用。

材料
浓口酱油…1L
小鱼干…50g
砂糖…100g
鲣鱼干…40g

1 小鱼干浸泡在浓口酱油中放置一晚。
2 将步骤1的材料加糖煮沸，砂糖融化后加入鲣鱼干关火，放置冷却。
3 冷却后使用厨房用纸过滤。

*用作冷荞麦面蘸汁时，水和酱汁的比例约为4:1至5:1。
　用作汤荞麦面酱汁时，水和酱汁的比例约为8:1至9:1。

◎ 腌金枪鱼盖饭

材料
金枪鱼生鱼片、浓缩荞麦面酱汁、米饭、葱花、海苔末、芥末泥…各适量

1 将金枪鱼浸在浓缩荞麦面酱汁中，放入冰箱腌制10分钟左右。
2 米饭盛在食器中，摆上步骤1中的金枪鱼、葱花、海苔末和芥末泥。

土佐醋

● 适合在醋拌凉菜和凉调菜中使用，腌渍快速焯过的襄荷草、生姜，即可做成口感清新的小菜。
● 冷藏可保存一周。

添加了海带和鲣鱼干风味的实用醋汁。

材料
水…350ml
淡酱油…100ml
米醋…150ml
味醂…50ml
海带…5g
鲣鱼干…15g

1 将所有材料倒入锅中煮沸，放置冷却。
2 冷却后用厨房用纸过滤。

◎ 南洋风味腌鲑鱼

材料
生鲑鱼段、淀粉、色拉油、
土佐醋、大葱斜切片、万能
葱、辣椒粉…适量

1 土佐醋与大葱放入食器中混合。
2 将生鲑鱼段切成适口大小，裹上淀粉放入
170℃的油锅中炸熟后取出沥油，放入1中腌制。
3 将步骤2的材料装盘，撒上万能葱段和辣椒粉。

柚子醋

● 适合作为汤锅蘸料，还可用于拌菜、煎烤食品、油炸食品等各种料理中。
● 冷藏可保存一个月以上。

使用酢橘果汁制作的简单款柚子醋。

材料
混合调料
　浓口酱油…1.5杯
　米醋…1杯
　味醂…1大勺
海带…10g
酢橘…150g

1 将混合调料倒入锅中煮沸。
2 将步骤1的材料倒入容器中，放入海带。将酢橘
切半挤出果汁，滴进步骤1的材料中，挤完后的
酢橘皮也直接放入步骤1的材料中。
3 放置冷却后，放入冰箱腌渍一晚后，用厨房用纸
过滤。

◎ 日式沙拉

将切成易适口大小的豆腐装
盘，摆上切段的壬生菜、沙
丁鱼。沿豆腐倒上一圈柚子
醋，再淋上少许辣椒油。

芝麻酱汁

● 可做拌菜酱，也可用来做水煮菜或魔芋块的蘸料
● 冷藏可保存一个月。

基础款芝麻风味酱料。

材料
白芝麻糊…200g
浓口酱油…150ml
砂糖…30g

混合均匀。

◎ **芝麻酱拌牛蒡扁豆**

牛蒡洗净后切成4cm左右的小段，再将每段竖切成4条后用水焯熟。扁豆焯熟后切成与牛蒡条相配的大小，放入大碗中，倒入芝麻酱与白芝麻，拌匀。

芝麻醋

● 适合用来做生鱼片的蘸料，也可作为沙拉酱。
● 冷藏可保存一个月。

芝麻酱中加入米醋制作而成。

材料
芝麻酱…50g
米醋…1大勺

混合均匀。

◎ **贝柱卡帕奇欧**

将贝柱横切为两片，小番茄切薄片，秋葵焯熟后切薄片。将上述食材一同摆盘后浇淋上芝麻醋，装饰上酢橘片。

乌冬芝麻酱汁

吉冈英寻

- 适合做面条蘸料，也可用来调拌菠菜等蔬菜。
- 冷藏可保存三天。

在芝麻酱汁中添加乌冬酱汁。

材料
芝麻酱汁（见P81）…50g
乌冬酱汁（见P78）…3大勺

混合均匀。

◎ **乌冬芝麻酱挂面**

挂面煮熟后过凉，盛入碗中，放上万能葱末、蘘荷草、姜泥，搭配乌冬芝麻酱汁食用。

火锅芝麻酱汁

吉冈英寻

- 适合搭配火锅和汤锅，也可作为煎鱼的蘸料。
- 冷藏可保存三天。

与鱼和肉都十分相配的酱料。

材料
芝麻酱汁…50g
鲣鱼干与海带高汤…1大勺
生姜泥…5g
日本一味辣椒粉…1g

混合均匀。

◎ **芝麻酱拌水煮鸡肉**

鸡腿肉用盐水焯熟，沥干多余的水分，切成适口大小后装盘。将茄子和黄瓜切成极薄的片，用盐拌匀后摆在鸡肉上，浇淋上火锅芝麻酱汁，最后撒上白芝麻。

日式豆腐沙拉酱

江崎新太郎

- 可以搭配任何食材，能够衬托出食材本身的风味。
- 放置会析出水分，需即用即做。

经典传统的日式沙拉酱。

材料
木棉豆腐…200g
白芝麻碎…1大勺
薄口酱油…5ml
砂糖…1大勺

1 豆腐用重物压两小时左右，脱除部分水分。
2 将所有材料混合放入研钵中捣成泥。

*也可使用料理机。

◎ 豆腐沙拉拌蚕豆土豆

材料（2人份）
蚕豆…8个
印加土豆…1个
日式豆腐沙拉酱…两大勺

1 在蚕豆尾部划一刀（方便熟得均匀且易剥皮）后煮熟剥皮。
2 将土豆去皮后切成适口大小蒸熟。
3 用日式豆腐沙拉酱调拌均匀。

日式酸甜豆腐沙拉酱

江崎新太郎

- 适合搭配豆类和蔬菜（胡萝卜、芜菁等根茎蔬菜和叶类蔬菜）。
- 豆腐放置会析出水分，需即用即做。

在日式豆腐沙拉酱的基础上添加砂糖和米醋制作而成。搭配煸熟的食材，可格外衬托出食材的鲜美。

材料
木棉豆腐…200g
白芝麻碎…1大勺
砂糖…1大勺
淡酱油…5ml
米醋…10ml

1 豆腐用重物压两小时左右，脱除部分水分。
2 将所有材料混合放入研钵中捣成泥。

*也可使用料理机。

◎ 日式酸甜豆腐沙拉酱拌玫瑰香葡萄

材料（1人份）
玫瑰香葡萄…5颗
日式酸甜豆腐沙拉酱…适量

*从清凉的口感和颜色以及与豆腐的搭配考虑，玫瑰香葡萄是最佳选择。

玫瑰香葡萄剥皮，用刀切开一半，去除葡萄籽。用日式酸甜豆腐沙拉酱拌匀。

*去除葡萄籽时流出的果汁不要倒掉，一同调拌。
*即做即食。

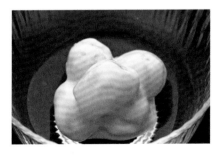

照烧酱汁

江崎新太郎

● 适合用于鱼类料理，也可搭配生姜烧猪肉等肉类料理。
● 冷藏可保存四天。

非常实用的配方

材料
浓口酱油…两大勺
酒…两大勺
本味醂…两大勺
砂糖…1大勺

将所有调味料倒入锅中煮沸，转小火再煮约3分钟。

＊下述料理照烧鰤鱼使用平底锅烧制，调料混合好后直接淋上即可。

◎ 南伊势风味照烧鰤鱼

材料（2人份）
鰤鱼块…两块（200g）
＊照烧酱汁…上述分量
圆白菜（焯熟后沥干水分）…适量
盐、面粉…各适量
橄榄油…1大勺

1　鰤鱼两面撒盐腌制30分钟后，用水清洗，擦去多余的水分。在鰤鱼两面撒上少许面粉（增加酱汁的浓稠度）。
2　平底锅中倒入橄榄油，将步骤1中的鰤鱼煎至两面金黄。用厨房用纸擦去平底锅中多余的油，在四周淋上照烧酱汁。
3　装盘，搭配焯好的圆白菜。

＊味醂与酒中的酒精成分会加速酱汁稠化，因此无须担心在等待酱汁烧好的过程中鰤鱼烧糊。鰤鱼烧制恰到好处时，酱汁的浓稠程度也刚好。

味噌类酱料

柚子味噌

吉冈英寻

● 用来制作风吕吹萝卜，也可用来制作田乐味噌豆腐或魔芋等。
● 冷藏可保存两周以上。

做好基础的味噌底料，就可以通过添加不同的配料制作出各种风味的味噌，也能轻松制出风吕吹萝卜必不可少的柚子味噌。

材料
*基础味噌底料…两大勺
柚子汁…1/2个柚子
柚子皮碎…适量

混合。

基础味噌底料
材料 味噌…500g 味醂…100ml 酒…100ml 砂糖…150g 将所有材料混合后煮沸。

◎ 柚子味噌拌蒸菜

将芜菁、胡萝卜、扁豆、香菇和丛生口蘑切成适口大小蒸熟，装盘后浇淋上柚子味噌，撒上柚子皮碎。

芝麻味噌

吉冈英寻

● 适合作为各种食材的拌料、蘸料，还可加入柚子醋，做成火锅蘸料。
● 冷藏可保存一个月。

在基础味噌底料中加入芝麻糊制成简单而醇香的酱料，适合搭配肉类食用。

材料
基础味噌底料（见P85）…100g
白芝麻糊…30g

混合均匀。

◎ 芝麻味噌拌白灼猪肉

材料
猪里脊（炸猪排用）、盐…各适量
芝麻味噌、生菜、芥末泥…各适量

1 制作白灼猪肉。浓度为2%的盐水加热至沸腾后关火，放置1分钟后加入猪肉，再放置10分钟。
2 将步骤1中的白灼猪肉切成适口大小，装入铺有生菜的食器中，舀上适量的芝麻味噌，搭配用温水化开的芥末泥。

蘑菇味噌

- 适合搭配蔬菜、煎鱼、炸鸡等。
- 冷藏可保存五天。

增添了蘑菇的风味，嚼劲十足，也可直接作为
佐酒小菜。

材料
蘑菇（丛生口菇、香菇、灰树花菌、金针菇）…共80g
基础味噌底料（见P85）…150g

1 蘑菇去根后切段。
2 将基础味噌底料与步骤 1 中的蘑菇一起放入锅中
　煮沸。

◎ **拍黄瓜配蘑菇味噌**

用擀面杖将黄瓜拍烂后
切成适口大小，装盘，
搭配蘑菇味噌。

番茄味噌

- 可以代替沙拉酱使用，也可作为凉拌豆腐、拌蔬菜的酱料使用。
- 冷藏可保存一周。

番茄的风味与酸味都十分美味。

材料
番茄…150g（1个）
基础味噌底料（见P85）…150g
芥末泥…1大勺

1 番茄去蒂后切大丁。
2 将基础味噌底料、番茄与芥末泥一同放入锅中煮沸。

◎ **番茄味噌拌鲣鱼**

用番茄味噌将生鲣鱼段
（刺身用）调拌好后装
盘，撒上鸭儿芹叶。

蔬菜泥类酱料

芜菁泥酱

吉冈英寻

● 适合作为火锅、汤锅的蘸料，也可作为白肉鱼、鲕鱼的薄切刺身的蘸料，还可用作鲣鱼酱的调料。
● 冷藏可保存一天。

比白萝卜的口感更细滑美味。

材料
芜菁泥…100g
柚子醋（见P80）…100ml

混合均匀，芜菁泥与柚子醋的比例约为1:1。

◎ 芜菁泥拌炸鸡

将鸡腿肉切成适口大小，用盐与日本酒揉搓腌制，裹上淀粉炸熟后装盘。搭配芜菁泥酱，撒上万能葱花，并装饰上酢橘。

黄瓜泥酱

吉冈英寻

● 适合作白肉鱼刺身蘸料，也可作煎鱼的蘸料，还可代替沙拉酱使用。
● 即用即做。

绿色能让人在视觉上倍感清凉，口味也十分清爽。

材料
黄瓜…1根
土佐醋（见P80）…3大勺

1 将黄瓜擦成泥后拧干多余的水分。
2 与土佐醋混合均匀，黄瓜与土佐醋大约是1:2的比例。

◎ 拌章鱼与裙带菜

将白灼章鱼与裙带菜（生裙带菜或将盐腌裙带菜泡发）切成适口大小装盘，搭配黄瓜泥酱。

胡萝卜泥酱

● 适合做烧肉或烧鱼的蘸料。也可用来浸泡水煮蔬菜调味。

● 冷藏可保存两天。

胡萝卜的橙色非常漂亮，与白色、黑色、绿色
的食材搭配会格外好看。

材料
胡萝卜泥…70g
乌冬酱汁（见P78）…200ml

混合均匀后煮沸。胡萝卜泥与乌冬酱汁的比例约在
1：3。

◎ 油炸鲈鱼茄子

材料
鲈鱼段…适量
茄子…适量
淀粉、色拉油…各适量
胡萝卜泥酱…适量
酢橘片…适量

1 将鲈鱼去皮，切成适口大小。裹上薄薄一层淀粉，
  在170℃油锅中炸熟，沥干多余的油。

2 将茄子去蒂，竖切两半，沿茄子皮切间隔3mm
  的花刀后，切成适口的小块。用热油炸熟后沥干
  多余的油。

3 装盘，倒入煮沸的胡萝卜泥酱，装饰上酢橘片。

胶冻类酱料

凉拌蔬菜酱汁冻 吉冈英寻

- 适合做凉拌蔬菜调料。
- 冷藏可保存三天。

非常适合搭配蔬菜食用。

材料
凉拌蔬菜酱汁（见P78）…500ml
明胶片…15g（1片）

1　明胶片用水泡发。
2　将凉拌蔬菜酱汁倒入锅中加热，加入将沥干水分的明胶片煮至融化。将整锅浸入冰水中冷却，放入冰箱使其凝固。

* 使用前用叉子等戳碎。

◎ 凉拌夏季时令蔬菜

材料
秋葵、落葵、迷你番茄、凉拌蔬菜酱汁冻、酢橘…各适量

1　将秋葵和落葵分别焯熟后过凉，放凉后沥干多余的水分，迷你番茄切成两半。
2　装盘，浇上捣碎的凉拌蔬菜酱汁冻，装饰上酢橘。

土佐醋冻 吉冈英寻

- 适合搭配白肉鱼的薄切刺身食用，也可代替沙拉酱使用。
- 冷藏可保存一周。

使用实用的土佐醋制作的胶冻。

材料
土佐醋（见P80）…500ml
明胶片…1片（约15g）

1　明胶片用水泡发。
2　将土佐醋倒入锅中加热，加入将沥干水分的步骤1中明胶片煮至融化。融化后将整锅浸入冰水中冷却，放置冷却后放入冰箱使其凝固。

* 使用前用叉子等戳碎。

◎ 醋拌蟹肉与青花鱼

材料
帝王蟹（腿肉）、醋腌青花鱼、黄瓜、蘘荷草、土佐醋冻、盐…各适量

1　帝王蟹肉与醋腌青花鱼切成适口大小。黄瓜切上细致的花刀后再切成适口大小，用盐揉搓。蘘荷草竖切凉拌。
2　装盘，浇上戳碎的土佐醋冻。

柚子醋冻

● 适合搭配所有与柚子醋相配的料理。
● 冷藏可保存三天。

使用自家制作的柚子醋制作而成。

材料
鲣鱼干海带高汤与柚子醋（见P80）按2∶1的比例混合…500ml
明胶片…15g（一片）

1 明胶片用冷水泡发。
2 将高汤与柚子醋倒入锅中加热，加入将沥干水分的明胶片煮至融化。后将整锅浸入冰水中冷却，放入冰箱使其凝固。

* 使用前用叉子等戳碎。

◎ 炙烤喉黑鱼配柚子醋冻

材料
喉黑鱼、柚子醋冻、蘘荷草、嫩菜芽、紫苏嫩芽、万能葱、盐、胡椒粉…各适量

1 将蘘荷草切小块，嫩菜芽、万能葱切小段。
2 喉黑鱼鱼皮面朝下炙烤片刻，切薄片装盘，撒上盐和胡椒粉。
3 向步骤 2 盘中倒上戳碎的柚子醋冻，一同撒上步骤 1 的材料与紫苏嫩芽。

梅酒冻

吉冈英寻

● 适合浇淋于甜点或水果块上。
● 冷藏可保存两周。

完美保存了梅酒风味的甜点用酱料。

材料
梅酒…250ml
水…250ml
砂糖…50g
明胶片…15g（一片）

1 明胶片用冷水泡发。
2 将梅酒与水倒入锅中加热，加入将沥干水分的明胶片与砂糖煮至融化。整锅浸入冰水中冷却，后放入冰箱使其凝固。

* 使用前用叉子等捣碎。

◎ 梅酒法式奶冻

材料
法式奶冻
　牛奶…400ml
　鲜奶油…40ml
　砂糖…35g
　明胶片…适量
梅酒冻…适量

1 制作法式奶冻。在锅中放入牛奶与鲜奶油，加热至60℃左右，加入砂糖煮至溶解后，再加入冷水泡发的明胶片搅拌均匀。盛入容器中，放入冰箱冷却凝固。
2 梅酒冻浇在凝固的法式奶冻上。

日料绝配蛋黄酱

经典蛋黄酱

江﨑新太郎

- 适合用于各种料理，用途广泛
- 冷藏可保存五天左右。

基础款蛋黄酱，手工制作更美味。

材料
白芝麻油…400ml
蛋黄…2个
蛋白…适量
米醋…20ml

将蛋黄倒入大碗中打散，加入醋搅拌，少量多次加入白芝麻油，用打蛋搅拌至黏稠后加入蛋白调节浓稠度（蛋白能够使酱料更绵软）。

◎ 双色芦笋

材料（1人份）
白芦笋…1根
绿芦笋…1根
冬葱…1根
盐…适量
经典蛋黄酱…适量

1 将芦笋下半部分较硬部位的皮剥去，用盐水焯熟（约2分30秒）。
2 冬葱过凉水，沥干多余水分后切成适当长度（不要抹去冬葱上的黏液，黏滑的口感正是美味所在）。
3 将步骤1中的芦笋趁热装盘，摆上冬葱，浇上经典蛋黄酱。

蛋黄酱汁

江崎新太郎

- "蛋黄酱基底"指未放醋的蛋黄酱。加入生海胆,即可变成与伊势大虾、大正大虾等甲壳类海鲜非常相配的酱料。
- 冷藏可保存三天左右。

制作好储存起来,可以用于各种料理中,十分实用。

材料
蛋黄酱基底
　　白芝麻油…400ml
　　蛋黄…2个
　　蛋白…适量
薄口酱油…10ml

1 制作蛋黄酱基底。将蛋黄倒入大碗中打散,少量多次加入白芝麻油,用打蛋器搅拌均匀。搅拌至黏稠后加入蛋白调节浓稠度(蛋白能够使酱料更绵软)。
2 向蛋黄酱基底中加入薄口酱油搅拌均匀。

◎ 蛋黄酱烧三重鸟羽竹荚鱼与秋葵

材料(1人份)
竹荚鱼…1条
秋葵…两根
蛋黄酱汁…适量
盐…适量

1 竹荚鱼片成三片,用盐腌制后两面煎烤。
2 秋葵焯熟切小段。将蛋黄酱汁淋在步骤1中的竹荚鱼上,烤至微焦即可。

高汤类酱汁

美味高汤

江崎新太郎

● 可用来调拌凉菜等各种料理中。
● 放置会使香味风味变差，需即用即做。

日本料理中的万能酱汁，加入些许芥末风味。

材料
鲣鱼干与海带高汤…200ml
淡酱油…25ml
味醂…25ml
芥末泥…1小勺
鲣鱼干…适量

1 在锅中倒入高汤、淡酱油与味醂，开火后加入鲣鱼干一同煮沸。
2 将步骤1的汤滤渣后放凉，加入芥末泥搅拌融化。

◎ 凉拌油菜花

材料（1人份）
油菜花…4~5根
松子…4~5颗
美味高汤…适量

1 将油菜花用水焯熟后过凉，沥干多余水分后在美味高汤（未加芥末的）中浸泡5分钟腌制入味。
2 轻轻挤干油菜花的水分，另取新的美味高汤（加了芥末的）调拌后装盘，再浇淋上美味高汤（加了芥末的），最后撒上轻轻煎过的松子即可。

椰奶文蛤酱汁

江崎新太郎

● 适合搭配文蛤料理食用。
● 冷藏可保存两天左右。

椰奶与文蛤的风味融和度极高，非常美味。

材料
椰奶…100ml
文蛤…两个
酒…适量
薄口酱油…20ml
味醂…10ml
文蛤高汤（酒蒸后流出的高汤汁）…50ml

1 将文蛤用酒蒸熟，从壳中取肉（蒸出的高汤也要留下）。
2 将文蛤肉与椰奶混合，放入研钵中细心捣成泥。
3 加入薄口酱油、味醂和蒸出的文蛤高汤，混合均匀。

◎ 椰奶酱文蛤

材料（1 人份）
文蛤…1个
秋葵…两根
椰奶文蛤酱汁…适量

1 将文蛤放入锅中，加入少量水，盖上锅盖蒸熟（开口即可）。蒸出的高汤加入酱料中。
2 装盘，摆上焯好的秋葵，淋上加热过的椰奶文蛤酱汁。

蔬菜、水果等植物食材类酱料

夏日青酱

江崎新太郎

- 适合搭配烤箱或平底锅烤制的蔬菜食用，与有特殊味道的食材或肉类食材也非常相配。
- 久置会使鲜嫩的绿色变色，冷藏最多可保存两天左右。

使用了大量青紫苏叶和蘘荷草，味道强烈。

材料
青紫苏叶…10片
蘘荷草…3个
浓口酱油…30ml
芝麻香油…30ml
白芝麻油…30ml
米醋…15ml
砂糖…1大勺
水…50ml

将所有材料放入搅拌机中打成糊状。

◎ **烤西葫芦配夏日青酱**

材料
西葫芦、洋葱、橄榄油…适量
夏日青酱…适量

1 将西葫芦放入烤盘中，180℃烤制 5~8 分钟。
2 洋葱切粗末，用橄榄油翻炒。
3 在烤西葫芦中加入炒洋葱，搅拌均匀后装盘，浇
  淋上夏日青酱。

牛油果酱

江崎新太郎

- 适用于凉拌菜，或代替黄油涂在面包上，也可夹在番茄、生菜中制作蔬菜三明治等。
- 牛油果颜色会变淡，需即用即做。

一款完美地保留了牛油果浓醇味道的酱料，也可作为沙拉酱搭配法棍食用。

材料

水···50ml（调整酱料浓稠度）

牛油果···1个
橄榄油···50ml
盐···1/3小勺
淡酱油···1小勺

柠檬汁···5ml

牛油果去皮去子，将所有材料放入料理机中打匀。

◎ 黑金枪鱼与牛油果酱

材料（2人份）
牛油果···1个
黑金枪鱼···150g
牛油果酱···适量

1 将牛油果肉切成适口大小，黑金枪鱼也切成相同大小。
2 用牛油果酱将步骤1的材料调拌均匀。

*即做即食。

竹笋酱

江崎新太郎

- 适合搭配所有竹笋料理的酱料。
- 冷藏可保存两天左右。

一款完美地保留了竹笋细腻风味的酱料。

材料
竹笋···200g
鲣鱼海带高汤···100ml
淡酱油···10ml
本味酥···（浓缩后）10ml
白芝麻糊···10ml

1 将竹笋煮熟，本味酥煮至浓缩。
2 将步骤1中的竹笋与其他材料一同放入搅拌机中打碎。

◎ 拌竹笋

材料（1人份）
煮熟的竹笋···5~6块
A 鲣鱼海带高汤···400ml
　薄口酱油···20ml
　盐···1小勺
竹笋酱···适量

竹笋块切成适口大小，与A一同加热后装盘，淋上热好的竹笋酱。

草莓沙拉酱

江崎新太郎

- 适合搭配章鱼、贝类、叶子菜、番茄等食材制作的沙拉。
- 冷藏可保存三天左右。

非常美丽的一款粉色调沙拉酱。

材料

草莓…200g

米醋…10ml

柠檬果汁（榨汁）…5ml

白芝麻油…50ml

槭糖浆…5~10ml（根据草莓的甜度调整）

草莓去蒂后，与其他材料一同放入搅拌机中搅拌均匀。

◎ 腌泡草莓莲藕配草莓酱

材料

草莓…3个

月牙形莲藕块…3块

A｜ 白芝麻油…4大勺

白葡萄酒醋（也可用米醋）…2大勺

盐…1/3小勺

薄荷末…少量

草莓沙拉酱…适量

1 草莓去柄后竖着切成 5mm 厚的片。

2 莲藕煮熟后与 A 一同浸泡进腌泡汁中制作腌菜。

3 将步骤 2 中的莲藕与薄荷调拌均匀，再与步骤 1 中的草莓一同装盘，浇淋上草莓沙拉酱。

* 浸泡在腌泡汁中会使薄荷叶的绿色褪色，注意不要将薄荷放入腌泡汁中。

菜花酱汁

江崎新太郎

● 适合搭配鱼类与蔬菜食用。
● 冷藏可保存两三天左右。

完美保留了菜花温和风味与淡雅颜色的酱料。

材料
菜花…半棵
鲣鱼海带高汤…100ml
盐…1/2小勺

1 将菜花掰成小朵，煮至变软。
2 将步骤 1 中的菜花与高汤和盐一同放入搅拌机中打成糊。

清见橙薄荷酱

江崎新太郎

● 适合作为以绿色蔬菜为主的沙拉酱料，也可作为搭配煎烤白色鱼肉的酱料食用，口感十分清爽。
● 冷藏可保存四五天左右。

橙子与薄荷的风味非常清爽，既可以作为沙拉酱，也可作为普通酱料。

材料
清见橙果汁（榨汁，也可使用其他品种的柑橘类果汁）…50ml
白芝麻油…50ml
白葡萄酒醋…10ml
槭糖浆…10ml
新鲜薄荷叶末…适量

1 将清见橙果汁倒入碗中，一边加入白芝麻油，一边用打蛋器搅匀。
2 加入白葡萄酒醋与槭糖浆搅拌均匀，加入薄荷叶。

◎ 春来到!

材料（2人份）

番茄…两块

煮熟的食荚豌豆…1根

煮熟的油菜…两根

蘘荷草（糖醋腌菜）…1/2个

紫萁…两根

楤树嫩芽…1根

款冬花茎…1个

煮熟的萤鱿…两只

柚子果肉…适量

斑节虾…两只

寿司饭…适量

色拉油、盐…各适量

菜花酱汁…适量

清见橙薄荷酱…适量

1 将紫萁、楤树嫩芽、款冬花茎裹上薄浆油炸。

2 斑节虾竖着穿串后用盐腌制，再放入冰水中镇凉，取掉竹签，留下尾部，剥壳。留下虾黄从腹部切开，去除虾线后用水洗净，沥干多余的水分。摆放在寿司饭上。

3 将步骤1和步骤2的材料与其他所有材料一同装盘，随意淋上两种酱料。

文旦柚沙拉酱

江崎新太郎

- 适合搭配散寿司等食用。
- 冷藏可保存四五天。

完美保存了柚子清爽风味的爽口酱汁。

材料

文旦柚果汁（榨汁）…50ml

白芝麻油…50ml

米醋…10ml

槭糖浆…5ml

1 将文旦柚果汁倒入碗中，一边加入白芝麻油一边用打蛋器搅匀。
2 加入米醋与槭糖浆，搅拌均匀。

◎ 文旦柚沙拉酱拌什锦豆饭

材料

蚕豆…4个

食荚扁豆段…两根的量

荷兰豆段…3根的量

青豌豆…6粒

醋饭…适量

文旦柚沙拉酱…适量

1 在加入少许盐的开水中将所有豆类食材焯熟后过凉。
2 沥干多余水分，与醋饭拌匀后，淋上文旦柚沙拉酱，搅拌均匀。

* 主角是豆类，米饭要比豆子少，豆子与醋饭的比例是关键。

* 豆类煮熟的程度（软硬程度）非常重要。

豆浆酱汁

江﨑新太郎

● 适合作为汤底，也可用来做汤。
● 冷藏可保存两天左右。

在豆浆中加入芝麻糊、盐曲等，增添风味，制成这款可供饮用的酱料，用途十分广泛。

材料
豆浆…2L
芝麻香油…50ml
芝麻糊（白）…100ml
浓酱油…50ml
盐曲…1大勺
麦味噌（或米味噌）…1大勺
鲣鱼与海带高汤…适量

将所有材料一同倒入锅中小火炖煮。

*用高汤调整酱料的浓度。

◎ 香浓什锦蔬菜包

材料（1人份）
西蓝花…一棵
胡萝卜、南瓜、韭葱、艾蒿麸…各一块
色拉油、美味高汤（见P95，不加芥末）…适量
豆浆酱汁…70~90ml

1 西蓝花过油炸，胡萝卜、南瓜、韭葱和艾蒿麸用美味高汤炖煮入味。
2 将耐热的食用保鲜膜套在碗上，倒入步骤1中的食材与热好的豆浆酱汁，封口扎成一个小包袱，即可上餐。

*也可将包好的料理在蒸锅中加热10分钟后再提供给客人。
*打开小包袱的瞬间，食材显露出来，热腾腾的蒸汽与香味瞬间弥漫整个空间。既起到了保温效果，又充满惊喜。

日式香草沙拉酱

江崎新太郎

● 适合作为沙拉酱使用（与香草类蔬菜也十分相配）。也可作为腌泡汁的腌料使用。

● 冷藏可保存四五天。

加入了许多日式香草的一款沙拉酱。

材料

A| 特级初榨橄榄油…50ml
　　盐…1/3小勺
　　柠檬果汁…50ml
　　槭糖浆…10ml
　　淡酱油…5ml

香草
　　蘘荷草薄片、香菜、青紫苏叶丝、芹菜薄片、
　　大葱白薄片…各适量

将A中材料混合，使用前30分钟加入香草类蔬菜腌制入味（青紫苏叶与香菜颜色容易变淡，应使用前再加入）。

◎ 日式香草沙拉酱拌什锦蔬菜

材料

带根鸭儿芹、蘘荷草薄片、菊苣、生菜、细叶芹、
茼蒿、野生芝麻菜…各适量
日式香草沙拉酱…适量

将蔬菜轻轻撕成适当大小，松松摆上一盘，上餐前淋上日式香草沙拉酱（或加在一旁）。

姜末沙拉酱

江崎新太郎

● 适合作为沙拉酱，也很适合作炸鸡的蘸料。
● 冷藏可保存四五天。

生姜的风味十分爽口。

材料
生姜末…50ml
米醋…10ml
白芝麻油…40ml
砂糖…1/2大勺

将所有材料混合均匀。

◎ **姜拌夏季时蔬**

材料（1人份）
芹菜段…3段
黄瓜块…3块
番茄块…3块
姜末沙拉酱…适量

1 将芹菜过水焯熟后过凉，沥干水分。
2 与黄瓜和番茄混合，加入姜末沙拉酱拌匀。

黑橄榄酱

江崎新太郎

● 适合搭配鱼类、肉类食用，尤其适合做烤羊肉和嫩煎猪肉的酱汁。
● 冷藏可保存三四天。

使用了美味的黑橄榄，与日式料理非常相配。

材料
去核黑橄榄…20颗
白芝麻油…30ml
酒（煮至酒精蒸发）…50ml
鲣鱼海带高汤…50ml
淡酱油…10ml
柠檬果汁…10ml
黑芝麻碎…适量

将所有材料放入搅拌机中打成糊状。

◎ 酒蒸蓝点马鲛鱼配黑橄榄酱

材料（1人份）
蓝点马鲛鱼块…1块（100g）
扁豆天妇罗…两根
黑橄榄酱…适量
煎白芝麻…适量
海带、酒…适量

1 在方形平底盘中铺上海带，放上蓝点马鲛鱼块，
 淋上酒后用保鲜膜封好，大火蒸制10分钟。
2 装盘，淋上黑橄榄酱，撒上煎白芝麻碎，最后摆
 上两根扁豆天妇罗。

珍馐类酱料

鲍鱼肝番茄酱汁

江﨑新太郎

- 最适合搭配鲍鱼料理，也可搭配蝾螺等其他贝类。
- 即用即做。

鲍鱼肝添加番茄、蛋黄风味，口味浓醇。

材料
* 鲍鱼肝···4个
水果番茄（糖分高的品种）···1/4小个
蛋黄酱基底（见P94"蛋黄酱汁"步骤1）···6大勺

*鲍鱼肉用来制作料理。

1　将鲍鱼肝用水焯1分钟左右去异味。
2　将步骤1中的鲍鱼肝与番茄一同放入料理机中搅碎，再放入蛋黄酱基底稀释。

◎　香煎虾夷鲍鱼配鲍鱼肝番茄酱汁

材料（4人份）
鲍鱼···4个
黄瓜···1根
鲍鱼肝番茄酱汁···适量
橄榄油···少量

1　鲍鱼去壳，分成鲍鱼肉与鲍鱼肝两部分（鲍鱼肝按上述方法制作酱料）。
2　将鲍鱼肉切成适口的片，在平底锅中用少量橄榄油煎烤。
3　将步骤2中的鲍鱼肉与黄瓜切条一同装盘，淋上鲍鱼肝番茄酱汁。

*煎烤鲍鱼肉时，最开始鲍鱼肉会紧缩变硬，但继续加热又会渐渐软化，把握好软化的瞬间是煎烤好鲍鱼的秘诀。

海胆酱

● 适合搭配所有海鲜类食材食用。
● 即用即做。

浓醇的酱汁裹覆着海鲜食材，尽享醇鲜风味。

材料
生海胆…150g
蛋黄…2个
盐…适量
淡酱油…1大勺

海胆滤渣后，加入其他食材一同拌匀即可。

◎ 海胆酱拌扇贝柱

材料（1人份）
扇贝柱…两个
海胆酱…适量
生海胆…两个
花椒芽…适量

1 将每个扇贝柱切成4等份，快速焯一下水后过凉。
2 将扇贝柱沥干水分，用海胆酱调拌后装盘。加入生海胆，用撕碎的花椒芽做装饰。

中国、韩国、越南、泰国酱汁及其料理

|中式炒菜酱料

蚝油酱汁

菰田欣也

● 与肉类、海鲜类等各式食材都非常相配。
● 无法保存，即用即做。

以蚝油酱为基底的炒菜用酱料。

材料
白糖…两大勺
酒…两大勺
酒酿…两小勺
蚝油酱…1大勺
酱油…1大勺
胡椒…少量
鸡架汤…两大勺
淀粉…2/3小勺

将所有材料混合均匀即可。

◎ 菇笋炒青梗菜

材料（2人份）
青梗菜…两棵
水煮竹笋…1个（约60g）
干香菇…1个
大葱…1/3根
生姜…一块
蚝油酱汁…两大勺
色拉油…适量

1 将青梗菜、竹笋与泡好的香菇都切成适口大小，大葱与生姜切薄片。
2 将步骤1中的青菜、竹笋与香菇过一遍热油，沥干多余的油。
3 锅中留少许底油，将葱姜片下锅小火炒香，再次倒入步骤2中的蔬菜，加入蚝油酱大火翻炒入味。

青椒肉丝酱

菰田欣也

- 用来制作青椒肉丝。
- 即用即做。

与牛肉非常相配的常见酱料。

材料（2人份）
白糖…1小勺
酒酿…1小勺
酒…$1\frac{1}{2}$大勺
酱油…1大勺
蚝油酱…1小勺
鸡架汤…两大勺
胡椒…少量
淀粉…1/2小勺

将所有材料混合均匀即可。

◎ 青椒牛肉丝

材料（2人份）
牛腿肉…80g
青椒…120g
大葱末…1大勺

A | 盐、胡椒粉…各少许
　　酒…1大勺
　　酱油…1/3小勺
　　蛋液…$1\frac{1}{2}$大勺
　　淀粉…1大勺

青椒肉丝酱…两大勺
色拉油…适量

1 牛肉、青椒切丝，牛肉用 A 腌制入味。
2 色拉油热后将青椒丝和牛肉丝下锅过油，沥干多余的油。
3 留少许底油，倒入葱末，小火轻微翻炒片刻后即可倒入步骤 2 中的食材，加入青椒肉丝酱翻炒入味。

豆豉酱

菰田欣也

● 适合各式炒菜，也可以多做一些，淋在加热过的食材上。
● 无法保存，需即用即做。

一款用发酵的大豆制作的调味酱料，也
非常适合搭配辣椒。

材料（2人份）
白糖…$1\frac{1}{2}$大勺
酒酿…1大勺
酒…两大勺
醋…两小勺
酱油…1大勺
鸡架汤…两大勺
豆豉…1小勺
淀粉…2/3小勺

将所有材料混合均匀即可。

◎ 豆豉酱炒芦笋虾仁

材料（2人份）
虾仁…6个（中等大小）
绿芦笋…两根
大葱（细）…1/3根
生姜…1块

A 盐…少许
胡椒…少许
酒…1/2小勺
蛋清…$1\frac{1}{2}$大勺
淀粉…2/3大勺
豆豉酱…$2\frac{1}{2}$大勺
色拉油…适量

1 芦笋切成4cm长的斜段，大葱切小段，生姜切薄片。
2 虾仁用少许盐和淀粉（分量外）揉搓，水洗去污，用厨房用纸吸净多余的水分，用A腌制入味。
3 将芦笋与虾仁过一遍热油后沥干多余油。
4 锅中留少许底油，倒入葱姜小火炒香，再倒入步骤3中的芦笋与虾仁，加入豆豉酱，翻炒入味即可出锅。

奶油酱

菰田欣也

● 适合搭配海鲜类炒菜食用。
● 即用即做。

一款奶香炒菜酱料。

材料

鸡架汤…200ml	味酥…1大勺	盐…1/3小勺
日本酒…1大勺	白糖…1大勺	胡椒…少许
		无糖炼乳…50ml

将鸡架汤煮沸，趁热加入其他材料搅拌融化。

◎ **奶香贝柱**

材料（2人份）

扇贝柱（中等大小）…4个
杏鲍菇…1个
西兰花…30g
奶油酱…180ml
A｜水…1小勺
　｜淀粉…1小勺
玉米粉…适量
色拉油…适量

1 扇贝柱取净肉竖切两半，裹上玉米粉。
2 杏鲍菇与西兰花切成适口大小。
3 淀粉用水溶解做成淀粉水。
4 将步骤1、2中的食材过一遍热油。
5 锅中留少许底油，加入奶油酱煮沸，倒入步骤4中的食材翻炒，最后倒入步骤3中的淀粉水勾芡，即可出锅。

海藻盐酱

菰田欣也

● 适合用于各式炒菜。
● 冷藏可保存两天。

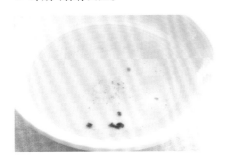

◎ **海藻盐炒什锦蔬菜**

材料（2人份）

* 半干蔬菜…100g
塌菜…1/2棵
海藻盐酱…两大勺
色拉油…适量

* 半干蔬菜：将根茎类蔬菜（红心萝卜、山药、黑胡萝卜、黄胡萝卜、红胡萝卜等）切成薄片风干一日，浓缩其风味。

1 塌菜切成适口大小。
2 将步骤1中的塌菜与半干蔬菜一同快速过一遍热油，沥干多余的油。
3 锅中留少许底油，倒入步骤2中的食材，加入海藻盐酱，大火翻炒均匀即可出锅。

在鸡架汤中添加海藻盐的风味制成的一款炒菜用酱料。

材料

海藻盐（法国产）…4g	胡椒…少许
酒…20g	鸡架汤…200ml
白糖…2g	淀粉…1小勺

将所有材料混合均匀即可。

马拉酱

菰田欣也

● 适合搭配海鲜类食材使用，也可以一边加热，一边均匀地裹附在食材上。
● 冷藏可保存两天。

辣味蛋黄酱。

材料
蛋黄酱…60g
无糖炼乳…3大勺
一味辣椒粉…1小勺
酱油…1小勺
醋…1小勺
白糖…两小勺
蛋黄…1个
盐…少许（根据蛋黄酱的咸度调整）

将所有材料混合均匀即可。

◎ 香辛料蛋黄酱炒虾仁

材料（2人份）
虾仁…6只
芥菜、金橘、红彩椒…适量
A｜盐、胡椒…少许
　｜酒…1/2小勺
　｜蛋白…两大勺
　｜淀粉…1大勺
马拉酱…4大勺
色拉油…适量

1 虾仁用少许盐和淀粉（分量外）揉搓后，用水洗净，用厨房用纸吸取多余水分后，再用 A 腌制入味。
2 芥菜、金橘、红彩椒切成适口大小。
3 锅中倒入色拉油加热，将步骤 1 中的虾仁过油。
4 锅中留底油加热，再次倒入虾仁，加入马拉酱，至虾仁裹满酱料。装盘，搭配步骤 2 中的蔬菜。

红曲酱

菰田欣也

● 适合搭配海鲜类食材使用。
● 无法保存，即用即做。

鲜艳的红色极具特征。注意加热过度可能导致变色。

材料（1 人份）

A | 红曲…1小勺
  | 泰国鲜酱油精…1/2小勺
  | 砂糖…1/2小勺
  | 绍兴酒…少许
  | 鸡架汤…两大勺
  | 淀粉水…适量
B | 红葱末…1/2个
  | 黄辣椒末…1/2个
  | 生姜末…少许
色拉油…适量

1 锅中倒入色拉油，加入材料 B 翻炒。
2 轻轻翻炒片刻，加入材料 A 继续翻炒入味。

◎ 红曲酱炒虾与扇贝

材料（1 人份）
扇贝柱…1个
虾…1只
食荚豌豆…1根
玉米笋…1根
红曲酱…上述分量

1 扇贝柱竖切两半，虾剥壳去除虾线后再背部划上几刀，方便入味。食荚豌豆和玉米笋切成适口大小后焯熟。
2 红曲酱翻炒片刻，加入步骤 1 中的扇贝柱、虾仁和食荚豌豆和玉米笋继续翻炒入味，装盘。

翡翠酱

菰田欣也

● 适合作为炒菜、前菜的酱料，或用来调拌凉菜。冷热均可，用途广泛。
● 冷藏可保存两天。

万能葱制成的一款酱料，水润的绿色
非常漂亮。

材料
万能葱（绿色部分）…50g
生姜…15g
橄榄油…100ml
四川花椒粉…少许
日本花椒粉…少许
盐…少许
白糖…1/5小勺
日本酒…1小勺
胡椒粉…少许

1 万能葱与生姜切细末，加入橄榄油后倒入
  搅拌机打成糊状。
2 加入其他材料混合均匀即可。

◎ 翡翠酱炒鲍鱼

材料（2人份）
鲍鱼…1个
竹笋…1/2个（30g）
玉米粉…适量
翡翠酱…两大勺
色拉油…适量

1 鲍鱼去壳取肉，除掉内脏等，切上蛇皮纹状的花刀，
  再切成两三等份。竹笋切成适口的月牙形。
2 将鲍鱼肉裹上玉米粉，竹笋一起过一遍热油，再沥
  干多余的油。
3 锅中留少许底油，倒入翡翠酱轻微翻炒片刻即可倒
  入步骤2中的食材，翻炒均匀后装盘即可（也可用
  鲍鱼壳作为装饰容器）。

糖醋酱

菰田欣也

● 用来制作咕咾肉的酱料，也可用来搭配白色鱼类的干炸食品食用。
● 即用即做。

大人小孩都非常喜欢的酸甜口酱料。

材料
白糖…两大勺
醋…两大勺
酱油…1/3小勺
番茄酱…两大勺
柠檬果汁…1大勺
盐…少许
水…两大勺
淀粉…1/2小勺

将所有材料混合均匀即可。

◎ 番茄味咕咾肉

材料（2人份）
猪里脊（肩肉）…120g
A 青椒…1/3个
  洋葱…20g
  黄彩椒…1/4个
  干香菇…1个
B 盐、胡椒…少许
  酒…两小勺
  酱油…1/2小勺
  蛋液…3大勺
  淀粉…两大勺
糖醋酱…100ml
淀粉…适量
色拉油…适量

1 将里脊肉切成每块20g左右的大小，用材料B腌制入味。
2 将干香菇在水中泡发，将A中所有的材料切成1cm见方的小丁。
3 色拉油加热至160℃左右，将步骤1中的猪肉裹上淀粉放入油锅中炸熟，出锅前加入步骤2中的蔬菜丁，迅速沥干油。
4 锅中留少许底油，加入糖醋酱加热至酱料呈黏稠状后，将步骤3中的食材再次倒入锅中，与酱料一同翻炒均匀。

辣椒番茄酱

菰田欣也

● 适合各种炒菜。
● 即用即做。

添加了豆瓣酱的辣味番茄酱，适合用来
炒虾仁的一款常见酱料。

材料

A｜生姜末…1小勺
　　大蒜末…1/3小勺
　　豆瓣酱…$1\frac{1}{2}$大勺
　　番茄酱…3大勺
　　色拉油…1/2大勺
B｜鸡架汤…300ml
　　酒…1大勺
　　盐、胡椒…少许
　　白糖…两小勺
　　醋…1/3小勺

平底锅中倒入材料A，小火慢炒一段时间后，
加入材料B调味即可。

1 鸡腿肉切块，每块约25g，用材料A腌制入味。
2 将材料B混合做成水淀粉。
3 鸡肉在炒锅中油炸，炸好后沥干多余的油份。
4 锅中留少许底油，加入辣椒番茄酱，再次加入步骤3中的
　鸡肉轻轻煮至入味后关火，倒入葱末和淀粉水勾芡，翻炒
　均匀后大火炒制片刻，出锅前倒入蛋液和醋。
5 装盘，搭配什锦沙拉。

◎ 辣椒番茄酱炒鸡腿肉

用鸡肉代替虾仁制作的一款辣椒番茄味料理。

材料（2人份）
鸡腿肉…300g
什锦沙拉…适量
大葱末…两大勺
辣椒番茄酱…200ml

A｜盐…少许
　　胡椒…少许
　　酒…两小勺
　　酱油…1/2小勺
　　蛋液…两大勺
　　淀粉…1大勺
B｜水…两小勺
　　淀粉…两小勺
蛋液…1小勺
醋…1/3小勺
色拉油…适量

咖喱酱

蔬田欣也

- 适合搭配炒菜食用。
- 冷藏可保存两天。

咖喱味炒菜的酱底，使用前请用调味料稀释。

材料
洋葱…80g
胡萝卜末…1小勺
生姜末…2小勺
咖喱粉…3大勺
番茄酱…2大勺
一味辣椒粉…1小勺
色拉油…100ml

1 洋葱切末。
2 平底锅中倒入 1/3 的色拉油，加入洋葱末小火慢炒至透明。
3 加入剩余的材料翻炒均匀。

◎ 咖喱酱炒牛肉

咖喱风味的青椒土豆炒牛肉。

材料（2 人份）
牛腿肉…120g
五月皇后土豆…1个
青椒…1个
盐、胡椒粉…各少许
玉米粉…1大勺
A 咖喱酱…1½大勺
　白糖…两小勺
　酒…1大勺
　醋…1/3小勺
　酱油…1小勺
　鸡架汤…1大勺
　淀粉…1/3小勺
色拉油…适量

1 将牛肉、土豆、青椒均切成4cm×1cm×1cm的条。土豆泡水去淀粉，蒸制10分钟。牛肉用盐和胡椒腌至入味后，撒上玉米粉。
2 将材料 A 倒入大碗中混合均匀。
3 将步骤 1 中的食材倒入热油中，慢慢加热炸至表面酥脆。
4 锅中留少许底油，再次倒入步骤 3 中的食材，加入步骤 2 中的调味料翻炒入味即可。

回锅肉酱

菰田欣也

● 也可将回锅肉的食材切碎，做炒饭时使用。
● 即用即做。

辣度甜度完美平衡的一款美味炒酱。

材料（2人份）
大蒜末…1/2小勺
豆豉…1小勺
郫县豆瓣酱…两小勺
甜面酱…两小勺
酒…两大勺
酱油…1小勺
甜酱油（日本九州地区的寿司酱油）…1小勺
味醂…1大勺

将所有材料混合均匀即可，使用时需翻炒
到位。

◎ 回锅肉

材料（2人份）
五花肉块…120g
蒜苗…一根
嫩豆腐…150g
色拉油…适量
回锅肉酱…两大勺

1 五花肉整块下水焯熟。
2 步骤 1 中的肉放凉后切成 2mm 厚的薄片，蒜苗切
  成适口大小的斜段，豆腐切 4cm×4cm×7mm 的
  块，滤干多余水分。
3 油加热至高温，倒入步骤 2 中的豆腐块油炸。
4 锅中留底油，平铺上步骤 2 中的肉片两面煎炒片刻
  后倒入步骤 2 中的蒜苗与步骤 3 中的油炸豆腐，加
  入回锅肉酱炒至入味，即可出锅。

中式拌酱、蘸酱

麻辣酱

菰田欣也

● 适合搭配肉类食用。
● 无法保存，需在制作的当天用完。

四川花椒的"麻"加上辣椒的"辣"，风味极具特点。

材料（2人份）
白糖…$1\frac{1}{2}$大勺
醋…两大勺
酱油…$1\frac{1}{3}$大勺
辣椒油（撇去油只用其中的辣椒）…1大勺
胡椒粉…少许
四川花椒粉…少许

将所有材料混合均匀即可。

◎ 麻辣鸡杂

材料（2人份）
鸡心…40g
鸡胗…60g
鸡肝…120g
荷兰豆…10根
去皮胡萝卜…1/4根
泡发干木耳…35g
芹菜…1根
麻辣酱…3大勺

1 荷兰豆以外的食材都切成适口的大小，荷兰豆去筋。
2 将水烧沸，从蔬菜开始将食材依次煮熟后沥干水分放好。
3 将步骤2中的所有材料倒入大碗中，用麻辣酱拌匀调味。

XO 酱汁

菰田欣也

- 适合搭配鲍鱼等贝类食用。
- 冷藏可保存三天。

凝缩了海鲜鲜美风味的凉调酱汁。

材料（2人份）

A	XO酱…两小勺	番茄酱…两大勺	芝麻油…少许
	酱油…两大勺	蚝油酱…1小勺	生姜末…1/2小勺
	砂糖…两大勺	醋…1大勺	色拉油…适量

1 锅中倒入色拉油，加入生姜末翻炒。
2 中加入 A 煮至轻微黏稠后放凉。

◎ 鲍鱼冷盘配 XO 酱汁

材料（1人份）
鲍鱼…1个
海藻…适量
XO酱汁…上述分量
盐…适量

1 鲍鱼带壳水煮，水沸后转小火煮 30 秒，后浸泡在盐水中待凉。
2 步骤 1 中的鲍鱼凉后斜着切成两半。
3 和海藻一同装盘（可用鲍鱼壳做装饰容器），在鲍鱼上淋 XO 酱汁。

芥末酱汁

菰田欣也

- 适合用来做凉调菜或沙拉。
- 冷藏可保存两天。

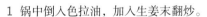

芥末风味的凉调酱。

材料
芥末末…$1\frac{1}{3}$小勺
醋…两大勺
白糖…1小勺
酱油…1大勺
将所有材料混合均匀即可。

◎ 芥末银鱼

材料（2人份）
银鱼…120g
圆白菜…100g
洋葱…50g
盐…少许
芥末酱汁…3大勺

1 在银鱼表面撒一层盐，腌制 10~15 分钟。
2 圆白菜、洋葱切细丝，与 1 中的银鱼一起焯水煮熟，沥干多余的水分。
3 趁步骤 2 中的食材还热时加入芥末酱汁调味，装盘。

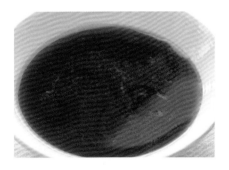

沙茶酱汁

菰田欣也

● 非常适合用来做凉拌豆腐。
● 冷藏可保存三天。

融合了沙茶酱与蚝油酱的鲜美风味。

材料（3人份）
蚝油酱…3大勺
沙茶酱…两大勺
酱油…两小勺
醋…两小勺
生姜末…两小勺
芝麻油…1小勺
豆瓣酱…1小勺

将所有材料混合均匀即可。

◎ 沙茶酱汁拌豆腐

材料（3人份）
嫩豆腐…1块
A| 红心萝卜…30g
 | 黄瓜…30g
 | 榨菜…30g
 | 黄胡萝卜…30g
B| 香葱丝…1根的量
 | 香菜末…少许
 | 辣椒丝…少许
腰果…少许
沙茶酱汁…上述分量

1 将材料 A 中的食材均切成 5mm 见方的小丁。
2 豆腐切成 5mm 厚的片，码盘。
3 在豆腐周围撒上步骤 1 中所有的食材和腰果。
4 淋上沙茶酱汁，中央用材料 B 做装饰。

＊食用时将所有食材调拌均匀。

辣酱

菰田欣也

● 既适合搭配蔬菜，也适合搭配肉类食用。
● 冷藏可保存三天。

一款以番茄酱为底料，添加了大蒜、生姜、咖喱粉等风味的酱料。

材料（1人份）

A｜番茄酱…6大勺
　｜英国伍斯特辣酱油…1大勺
　｜咖喱粉…少许
　｜鸡架汤…6大勺
　｜盐…少许
　｜砂糖…两小勺
B｜大蒜末…少许
　｜生姜末…少许
色拉油…适量

1 锅中倒入色拉油，倒入材料 B 后轻轻翻炒片刻。
2 加入材料 A，煮至沸腾即可。

1 A 中蔬菜除尖椒外都切成适口大小，用少许色拉油在平底锅中煎烤。蚕豆连同豆荚一起煎烤，剥去豆荚和豆皮。
2 将步骤 1 中的蔬菜装盘，装饰上小萝卜（切出装饰花刀），浇上热好的辣酱。

◎ **辣酱烤蔬菜**

材料（1人份）

A｜尖椒…1根
　｜玉米…两块
　｜西葫芦（绿）…两块
　｜西葫芦（黄）…两块
　｜南瓜…两块
　｜杏鲍菇…1/2根
　｜洋葱…20g
　｜圆白菜…20g
　｜绿芦笋…两根
蚕豆…1荚
小萝卜…1个
色拉油…适量
辣酱…适量

红油酱

菰田欣也

- 特别适合搭配猪肉、牛肉等肉类料理食用。
- 冷藏可保存五天左右。

取辣椒油中的"干货"制成的香辣酱料。

材料
甜酱油（日本九州地区的寿司酱油）…3大勺
大蒜末…1/2小勺
醋…1小勺
味酥…1大勺
白糖…1小勺
辣椒油（撇去油只用其中的辣椒）…1/2大勺

将所有材料混合均匀即可。

◎ 云白肉

材料（2人份）
五花肉薄片…200g
黄瓜…1根
A｜ 盐、胡椒粉…各少许
　｜ 日本酒…两大勺
红油酱…3大勺

1　黄瓜横切成两半后，再竖着切成薄片（可使用擦刀），泡水增添口感，再沥干水分。
2　五花肉用材料 A 腌制入味，热水焯熟，沥干多余水分，趁热装盘，摆上黄瓜片，再淋上红油酱。

连锅汤酱

菰田欣也

● 适合搭配简单的汤锅食用，或作为蘸料，或添加在汤中调味，都是不错的选择。
● 冷藏可保存五天。

中国四川省传统的汤锅配料。

材料
白糖…1小勺
醋…两大勺
酱油…两大勺
豆瓣酱…1/3小勺
芝麻油…1/2小勺

将所有材料混合均匀即可。

◎ 双色萝卜炖猪肉配连锅汤酱

材料（2人份）
猪里脊肉（肩部）…120g
萝卜…100g
胡萝卜…40g
A│鸡架汤…900ml
 │盐…适量
 │酒…1大勺
 │胡椒…少许
 │四川花椒…1g（约15粒）
连锅汤酱…3大勺

1 将猪肉、萝卜、胡萝卜都切成4mm的条状。
2 在锅中倒入材料A煮沸，加入1中的食材，煮至汤浓缩剩2/3（约600ml）时，小火煮，至蔬菜软烂入味。
3 装盘，另取一个小碗盛上连锅汤酱，搭配食用。

* 连锅汤酱可当作蘸料，或根据喜好加在汤中调味。

黑胡椒酱

菰田欣也

● 适合做牛排酱料使用，也可用于炒菜中。
● 无法保存，需即用即做。

黑胡椒带来微微的刺激口感，一款非常美味的牛排酱。

材料

A		B	
黑胡椒…1/2小勺		鸡油…少许	
酱油…1小勺		红葱末…1小勺	
蚝油酱…两小勺		青椒末…1/5个	
盐…少许		红彩椒末…1/5个	
砂糖…1小勺		生姜末…少许	
鸡架汤…4大勺		豆豉…1小勺	
老抽…1/2小勺		色拉油…适量	

淀粉水…适量

1 锅中倒入色拉油，放入材料 B 中的食材翻炒。
2 轻轻翻炒片刻后倒入材料 A 调味。
3 倒入淀粉水勾芡，最后放入鸡油。

◎ 黑椒牛排

材料（1人份）
牛排…1块
西蓝花…4朵
水果番茄（红、黄）…各1个
黑胡椒酱…上述分量
色拉油、盐…各适量

1 牛肉用盐腌制片刻，用少许色拉油煎至两面熟。
2 切成适口的大小后装盘，装饰上煮熟的西兰花和水果番茄，淋上热好的黑胡椒酱。

香辣芝麻酱

菰田欣也

● 适合搭配水饺。
● 冷藏可保存两天。

芝麻酱的香浓与辣椒油的香辣完美结合，一款四川料理中的传统酱料。

材料
大蒜末…1/4小勺
甜酱油（日本九州地区的寿司酱油）…1大勺
醋…1/3小勺
芝麻酱…$1\frac{1}{2}$大勺
辣椒油…1大勺

将所有材料混合均匀即可。

◎ 香辣芝麻酱水饺

在煮好的水饺上浇淋上足量的香辣芝麻酱。

材料（2人份）

猪绞肉…100g	生姜末…1/2小勺
芹菜…25g	蛋液…1大勺
饺子皮…10张	*葱姜水…2大勺
A 盐…少许	淀粉…1/2大勺
胡椒…少许	芝麻油…少许
酒…1大勺	香辣芝麻酱…4大勺
酱油…1/2小勺	

* 葱姜水：将葱叶与生姜皮在水中揉搓，使其香味融入水中。

1　芹菜去筋，剁成细末。
2　在步骤1中加入猪绞肉，再加入材料A搅拌均匀，包成饺子。
3　锅中倒入足量的水，将饺子煮熟后沥干水分，装盘，淋上香辣芝麻酱。

蒸鱼酱汁

菰田欣也

● 与蒸海鲜最为相配。
● 即用即做。

香甜美味的酱油料汁。

材料
白糖⋯两大勺
绍兴酒⋯3大勺
酱油⋯1大勺
蚝油酱⋯1大勺
甜酱油（日本九州地区的寿司酱油）⋯1大勺

将所有材料混合均匀即可。

◎ 清蒸鲈鱼

比炖鱼更简单，完美展现食材鲜美味道的料理方法。

材料（2人份）
石鲈鱼⋯1条
A 盐、胡椒粉⋯各少许
  酒⋯两大勺
  *大葱⋯适量
  *生姜⋯适量

*葱姜也可用葱叶、姜皮部分。

B 大葱⋯1根
  香菜⋯适量
花生油⋯两大勺
蒸鱼酱汁⋯100ml

1 将鱼清理干净，撒上材料 A 腌制入味。
2 将材料 B 中的大葱切细丝，香菜撕成适当大小。
3 将步骤 1 中的鱼与葱姜一起笼蒸熟。
4 鱼蒸好后去掉葱姜，装盘，摆上葱丝，淋上热花生油（200℃以上）激发香味。
5 将蒸鱼酱汁加热后淋在鱼上，撒上香菜。

绍兴酒酱汁

菰田欣也

● 与肉类和鱼类料理都非常相配。也可用来腌制生海鲜食用。
● 冷藏可保存两天。

可以用来制作各种绍兴酒渍食品的一款
腌料。

材料
绍兴酒…200ml
酱油…200ml
白糖…80g
味醂…200g

将所有材料混合均匀即可。

◎ 绍兴酒渍牛上腰

材料（2人份）
牛上腰肉…150g
壬生菜…50g
万能葱…3根
绍兴酒酱汁…70ml

1 牛肉切成10cm宽，壬生菜和万能葱切成4cm长，洗
  净备用。
2 水烧沸，将牛肉焯熟后沥干水分，趁热浇淋上绍兴酒
  酱汁拌匀。
3 将壬生菜和万能葱铺在食器中，盛入步骤2中的牛肉。

怪味酱

葫田欣也

● 可以做冷盘酱料，也可用来做水饺蘸料，用途十分广泛。

● 冷藏可保存五天。

融和多种调味料，风味十分复杂，因此命名为"怪味酱"。

材料

A	郫县豆瓣酱…25g
	家常豆瓣酱…25g
	芝麻糊…15
B	辣椒油…50g
	花椒油…5g

C	白糖…50g
	酱油…40g
	中国酱油…10g
	大蒜末…15g
	黑醋…10g
	鸡架汤…30g
D	白芝麻…10g
	辣椒油…40g
	芝麻油…5g

1 将材料 A 倒入稍大的不锈钢碗中搅拌均匀。

2 将材料 B 混合后倒入锅中加热，油热后少量多次倒入材料 A 中，边倒边搅匀。

3 全部搅拌均匀后，倒入材料 C 调味，最后再倒入材料 D。

*D 中调料不须过度搅拌，与其他酱料稍微分离一些更好。

◎ 怪味三彩薯

材料（2 人份）

A	五月皇后土豆…1个
	红薯…1/2个
	紫薯…1/2个

怪味酱…4大勺

1 将材料 A 中的食材都带皮切成 5cm×1cm×1cm 的条状，浸泡在水中去除表面的污渍和淀粉。

2 将步骤 1 中的食材分别上蒸笼蒸制 10 分钟左右蒸熟。

3 将步骤 2 中的食材整齐的码放在盘中，浇淋上怪味酱即可。

鱼香风味酱

菰田欣也

- 适合用来做炒菜，或浇淋在烧烤食品上。
- 即用即做。

用各种调味料调和出的一种四川风味。

材料
白糖…1大勺
生姜末…1小勺
大蒜末…1/2小勺
醋…两大勺
酒…两大勺
酱油…1大勺
胡椒粉…少许
腌渍辣椒（也可使用豆瓣酱代替）…1大勺
大葱末…3大勺
淀粉…2/3小勺
鸡架汤…两大勺

将所有材料混合均匀即可。

* 使用前加热片刻增添稠度。

◎ **鱼香小羊排**

材料（2人份）
小羊排…两根（180g）
盐、胡椒粉…各少许
鱼香风味酱…5大勺

1 小羊排用盐和胡椒腌制片刻后，在平底锅中煎至两面
  微焦，擦去多余的油，装盘。
2 鱼香风味酱加热至黏稠后浇淋在步骤1中的小羊排上。

姜汁酱

菰田欣也

● 适合搭配所有油炸食品。
● 冷藏可保存两天。

生姜风味浓郁，与油脂非常相配。

材料
生姜末…1小勺
白糖…1小勺
醋…1大勺
酱油…1/2大勺
味醂…1/2大勺
盐…少量
芝麻油…1/2小勺

将所有材料混合均匀即可。

◎ 炸茄条配姜汁酱

材料（2人份）
长茄子…两根
扁豆…6根
姜汁酱…两大勺
色拉油…适量

1 茄子间隔着去除三条皮，切成5cm的长条，扁豆也切成相同长度的条。
2 锅中倒油加热至190℃高温，放入步骤1中的食材，油炸后用厨房用纸吸去多余的油。
3 将步骤2中的食材装盘，浇淋上姜汁酱。

枸杞酱

菰田欣也

- 适合做前菜或拌菜的酱料。
- 冷藏可保存两天。

枸杞子淡淡的甘甜和美丽红色，使得这
款酱汁非常适合用来搭配前菜。

材料
枸杞子（干）…20g
水…3大勺
盐…1/5小勺
醋…1大勺

1 将枸杞子浸入水中泡软后，用搅拌机中
   打成糊。
2 向步骤1中加入盐和醋调味。

◎ 白灼乌贼配枸杞酱

材料（2人份）
商乌贼（净肉）…1块（130g）
盐、花生油…各少许
枸杞酱…两大勺

1 将商乌贼肉切网状花刀后切成适口大小。
2 商乌贼肉用开水焯熟后沥干水分，趁热用盐和
   花生油调味。
3 食器中盛枸杞酱，再盛入白灼商乌贼。

葱油酱

菰田欣也

● 适合搭配海鲜食用。
● 冷藏可保存两天。

葱末上浇淋上热油制作而成，中餐常用酱料。

材料
大葱（较粗）…1根
A | 盐…1/3小勺
  | 胡椒粉…少量
  | 白糖…1小勺
  | 日本酒…1/2大勺
橄榄油…50ml

1 大葱切末，装入不锈钢碗中，用材料A调味。
2 橄榄油加热至高温，少量多次倒入步骤1中，边倒边搅拌均匀。

＊热油倒在同一处容易把葱烫焦，所以需要少量多次，一边搅拌一边倒油。

◎ 葱油酱拌双豆

材料（2人份）
蚕豆…100g
青豌豆…50g
葱油酱…4大勺

1 将去荚的蚕豆与青豌豆用沸水煮熟后放入冷水中过凉，沥干多余水分。
2 将步骤1中的食材用葱油酱拌匀后装盘。

＊注意豆子不要煮得过久，否则影响口感。

葱姜酱

菰田欣也

● 适合搭配水煮海鲜食用。
● 易变色，即用即做。

在两种葱和生姜上浇淋上热葱油激出香味，再与调味料混合制成。

材料（2人份）

A | 大葱…1/2根
   万能葱…3根
   生姜…少许

B | 酱油…两大勺
   鸡架汤…两小勺
   砂糖…1/2小勺

葱油（见P136）…两大勺

1 将 A 中的食材全部切丝。
2 将步骤 1 的材料放入不锈钢碗中备用。
3 将葱油加热至150℃后，淋在步骤 2 的材料上。
4 加入 B 中的调味料，混合均匀。

◎ 葱姜酱拌乌贼

材料（2人份）
乌贼（净肉）…1/2块
生菜…两片
葱姜酱…上述分量

1 在乌贼表面切花刀，横切成薄片。
2 乌贼与生菜分别焯熟，沥干多余的水分，装盘，在乌贼上浇淋加热的葱姜酱。

香味酱油

菰田欣也

- 适合搭配水煮海鲜。
- 常温保存。万能葱久置会变色，须在制作当日用完。

在香料蔬菜上浇淋上热葱油激出香味，再与调味料混合制成。

材料（3人份）

A｜ 万能葱…一小把
　　生姜…1小块
　　红辣椒…1/2根
　　芹菜…5cm
B｜ 酱油…3大勺
　　砂糖…1/2小勺
　　鸡架汤…1大勺
　　鸡精…1/2小勺
＊葱油…两大勺

＊葱油：将切薄片的洋葱与等量的色拉油一起放入锅中加热，油温升高后转为小火，烧至洋葱边呈黄褐色后关火，滤渣。

1　将 A 中的食材全部切末，放入不锈钢碗中备用。
2　将葱油加热至150℃后浇淋在步骤1碗中食材上。
3　在步骤2中加入 B 中的调味料混合均匀。

◎ 香味酱油拌章鱼

材料（3人份）

章鱼腿…1根

A｜ 香葱白…1根
　　青椒…1/10个
　　红彩椒…1/10个
香味酱油…上述分量

1　将 A 全部切细丝，用水洗净后沥干多余水分备用。
2　章鱼腿焯熟后过凉。
3　将步骤2中的章鱼腿去皮，章鱼肉切薄片，摆盘。
4　淋上香味酱油，中央用步骤1中的细丝装饰。

葱油风味明太子酱

菰田欣也

- 冷热均可，适合搭配水煮海鲜，也可用来调拌水煮蔬菜。
- 冷藏可保存两天。

材料（2人份）
芥末明太子…80g
生姜末…1小勺
豆瓣酱…1小勺
葱油（见P136）…40g

将所有食材倒入锅中，炒至颜色变成鲜艳
的粉色。

◎ 葱油风味明太子酱拌萤鱿时蔬

材料（2人份）
水煮萤鱿…12只
油菜…8根
玉米笋…两根
绿芦笋…两根
水果番茄…两个
葱油风味明太子酱…上述分量
盐…适量

1 油菜、玉米笋、绿芦笋用盐水焯熟。玉米笋斜切两半，
 芦笋纵切两半。
2 萤鱿切除眼睛和口器，热水焯熟。
3 将蔬菜、水果番茄和萤鱿装盘，淋上葱油风味明太子
 酱即可。

苹果醋酱

菰田欣也

- 适合做前菜或沙拉酱使用。
- 冷藏可保存两天。

在清爽的苹果醋中添加少许花椒、大蒜和芝麻油的风味。

材料
白糖…1小勺
盐…1/3小勺
大蒜末…1/2小勺
胡椒…少量
苹果醋…100ml
花椒油…1/2小勺
芝麻油…1小勺

将所有材料混合均匀即可。

◎ 香菜芹菜苹果醋沙拉

材料（2人份）
香菜…100g
芹菜…1/2根
生红辣椒…1/2根
大葱（细）…1根
苹果醋酱…$2\frac{1}{2}$大勺

1 香菜切4cm长，芹菜切花刀后切成4cm长的薄片，红辣椒和大葱也切细丝。
2 将步骤1中的食材混合均匀，用水洗净，沥干多余水分，再用苹果醋酱拌匀后装盘。

黑醋酱

菰田欣也

- 适合用来制作各类拌菜。
- 久置会有损风味，需即用即做。

香浓的黑醋为底，添加砂糖与蜂蜜的甘美、酱油与芝麻油的浓香。

材料（3人份）
黑醋⋯3大勺
砂糖⋯两大勺
酱油⋯两大勺
蜂蜜⋯$1\frac{1}{2}$大勺
芝麻油⋯1小勺
煎白芝麻⋯1/2小勺

将所有材料混合均匀即可。

◎ **黑醋酱拌皮蛋沙拉**

材料（3人份）
皮蛋⋯两个
黄瓜⋯1/2根
番茄⋯1/2根
彩椒（红、黄）⋯各一小块
芹菜⋯1/2根
玉米笋⋯两根
大葱细丝⋯1/5根的量
香菜碎、腰果、红辣椒细丝⋯少许
紫叶生菜⋯1片
黑醋酱⋯上述分量

1 皮蛋、黄瓜、番茄、彩椒、芹菜、玉米笋均切为适口大小，玉米笋煮熟。
2 将步骤1中所有食材放入大碗中，倒入一半量的黑醋酱拌匀后，倒出多余的汁，再倒入剩余的黑醋酱，再次调拌均匀。
3 在食器中铺上紫叶生菜做装饰，将步骤2中拌好的沙拉装盘，撒上香菜、腰果、葱丝和红辣椒细丝。

芝麻蛋黄酱

菰田欣也

● 搭配肉类和蔬菜都很适合。
● 冷藏可保存两天。

蛋黄酱中添加了芝麻的香浓，一款风味
浓厚的酱汁。

材料（2人份）
白芝麻碎…3大勺
蛋黄酱…3大勺
砂糖…1大勺
生姜末…1小勺
酱油…两大勺
黑醋…1小勺
醋…1小勺
辣椒油…1小勺

1　在白芝麻碎中加入蛋黄酱和砂糖搅拌匀。
2　向步骤1中加入剩余的材料拌匀。

◎　芝麻蛋黄酱拌鸭肉沙拉

材料（2人份）
A｜烤鸭（见P141）…200g
　｜红心萝卜…100g
　｜黄瓜…100g
　｜芒果肉…100g
　｜黄胡萝卜…100g
腰果碎…30g
馄饨皮…5张
什锦蔬菜叶…50g
芝麻蛋黄酱…上述分量

1　馄饨皮切成1cm见方的小块后油炸。
2　将材料A中所有的食材切成相同大小的5cm的条状
　　码盘，在中间空闲之处撒满腰果碎和油炸馄饨皮。
3　将芝麻蛋黄酱装入裱花袋中，在摆好盘的沙拉上绕圈
　　挤出，正中央放什锦蔬菜叶。

＊搅拌均匀后即可食用。

梅子酱

菰田欣也

- 适合搭配烤鸭，加热后浇淋在食材上即可。
- 冷藏可保存一周。

腌梅子与醋的酸味加上麦芽糖与蜂蜜的甜味，
口味酸甜。

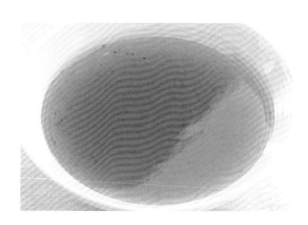

材料（3人份）

A | 梅肉…两大勺
  | 麦芽糖…两大勺
  | 蜂蜜…两大勺
  | 醋…两大勺
  | 砂糖…两大勺
柠檬皮细丝…2g

1 将材料 A 倒入锅中
  煮至沸腾，注意不要
  烧糊，煮制过程中不
  断用勺子搅拌。
2 沸腾后转小火，煮至
  浓缩剩八成左右的
  量，最后加入柠檬皮。

◎ **梅酱烤鸭**

材料（三人份）
鸭胸肉…1块
番茄薄片…1/2个的量
盐、胡椒粉…各少许
梅子酱…上述分量

1 将鸭胸肉两面用盐和胡椒粉腌制入味，
  常温放置 4 小时，表皮干燥后放入
  180℃烤箱中烤至变色。
2 将步骤 1 的材料切成适口大小，与竹
  叶和番茄一同装盘。
3 淋上加热好的梅子酱。

木槿花酱

菰田欣也

- 搭配果冻食用的酱汁，冷藏后使用。
- 冷藏可保存三天。

透明的红色非常好看，搭配甜点用的酱汁。

材料（1人份）

A | 干木槿花…5g
  | 水…100ml
B | 麦芽糖…15g
  | 砂糖…15g
  | 蜂蜜…15g

1 将 A 中材料一同倒入锅中，煮沸后转
  小火继续煮制 10 分钟。
2 从步骤 1 中捞出木槿花，倒入材料 B，
  再煮 5 分钟。
3 关火放凉后放入冰箱冷藏。

* 捞出的木槿花后续摆盘时会用到，需要保存好。

◎ **木槿花酱爱玉果冻**

将50g爱玉果冻（1人份）切成2cm的菱形装盘，浇淋上木槿花酱，将捞出的
木槿花撕成4等份，与细叶芹一起做装饰。

芒果辣酱

菰田欣也

● 冷热均可，适合搭配油炸食品食用。
● 冷藏可保存两天。

芒果的甘甜搭配辣椒的辛辣。

材料（2 人份）
A| 芒果酱（市售即可）…80ml
| 红辣椒粉…3根
芒果果肉丁（直径5mm）…0.3个芒果的量
木薯淀粉…30g

1 木薯淀粉煮 15 分钟，用冷水冲至冷却。
2 将 A 放入锅中煮沸，煮至略微浓缩。
3 关火，放入芒果果肉与木薯淀粉。

◎ 油炸鲜虾土耳其薄面卷配芒果辣酱

材料（2 人份）
虾…4只
土耳其薄面…适量
盐…少量
苦苣小块…适量
红彩椒丁（5mm见方）…少许
芒果辣酱…上述分量
色拉油…适量

1 虾去头剥壳，用盐腌制入味后卷上土耳其薄面，放入
　160℃热油中炸熟。
2 在食器底铺上苦苣和红彩椒丁，将步骤 1 中的油炸鲜
　虾土耳其薄面卷装盘，淋上加热好的芒果辣酱。

橙子酱

菰田欣也

● 适合搭配油炸食品食用。
● 冷藏可保存三天。

富含橙汁与橙肉，果味满满的一款酱料。

材料（2人份）

A | 橙汁…3大勺　　橙子果肉…1/2个
　| 醋…2大勺　　　水淀粉…适量
　| 砂糖…2大勺　　蛋奶冻粉…1/2小勺
　| 柠檬果汁…1小勺　橙香库拉索酒…1/2小勺
　| 盐…少许
　| 水…1大勺

1 橙子果肉剥去薄膜，横切三等份。
2 将 A 中的材料倒入锅中加热，煮沸后加入水淀粉增加稠度，加入橙子果肉，最后再加入用水化开的蛋奶冻粉和橙香库拉索酒。

◎ **橙子酱炸鲷鱼**

材料（2人份）

鲷鱼…半条
橙子…1/2个
薄荷叶…适量
面糊（将材料混合）
　| 低筋面粉…2大勺
　| 淀粉…1小勺
　| 蛋液…少许
　| 蛋奶冻粉…少许
　| 水…1大勺
橙子酱…上述分量
色拉油…适量

1 将鲷鱼切成 5cm 宽，2.5cm 厚的块，蘸取面糊后放入 170℃热油中炸。
2 橙子切月牙形，橙子皮切花刀，与炸鲷鱼装盘，装饰上薄荷叶，淋上加热的橙子酱。

香菜酱

菰田欣也

● 适合搭配沙拉，与蔬菜和海鲜也十分相配。

● 冷藏可保存三天。

融合了香菜、芥末、芝士和大蒜油风味的美味沙拉酱。

材料（2人份）

A| 香菜…1/2把
　 醋…4大勺
　 芥末粒…$5\frac{1}{2}$大勺
　 盐…少许
　 砂糖…少许
　 芝士粉…1/2小勺
B| 色拉油…5大勺
　 大蒜末…1小勺

1 在锅中倒入材料 B，小火慢炒，待大蒜的风味析至油中后放凉（大蒜油）。
2 将 A 中的材料用搅拌机中打碎，最后加入步骤 1 中的大蒜油搅拌。

◎ 香菜酱海鲜沙拉

材料（1人份）

A| 虾仁…1只
　 乌贼肉…1块
　 蟹脚肉…1块
　 扇贝柱…1/2个
海蜇…15g
什锦蔬菜叶…50g
香菜酱…上述分量
春卷皮…1张
色拉油…适量

1 将 A 中的海鲜焯熟后在冰水中过凉。海蜇焯熟后冲凉。
2 春卷皮切丝后油炸。
3 将什锦蔬菜叶与海鲜、炸春卷皮以及海蜇一同装盘，淋上香菜酱。

皮蛋酱

菰田欣也

● 适合做前菜和拌菜的酱料，也可做炒菜的酱料，非常百搭。
● 冷藏可保存两天。

完美利用了皮蛋的特殊风味。

材料

皮蛋…2个

A 青辣椒…50g
　青椒…50g

万能葱…60g

生姜…10g

大蒜…30g

B 盐…少许
　白糖…1/2大勺
　鸡精…1/2小勺
　酱油…1/3小勺
　蚝油酱…1小勺
　胡椒…少许
　芝麻油…1大勺

1 将 A 中的食材切粗末，倒入平底锅中，小火干炒至水分流失。
2 将皮蛋、万能葱、生姜、大蒜都切成细末，与步骤1的食材一起倒入搅拌机中打成糊状。
3 加入 B 调味。

◎ 烤猪肩肉配皮蛋酱

材料（2人份）

猪肩肉…250g

生菜…30g

盐、胡椒粉…各少许

皮蛋酱…$1\frac{1}{2}$大勺

1 将猪肩肉整块用盐和胡椒粉腌制入味。
2 生菜撕成适口大小，用水洗净。
3 用煎牛排用的铁板（或平底锅）将猪肉两面煎熟，关火，盖上锡纸，再用余温煎制片刻。
4 将猪排切成适口大小装盘，搭配生菜与皮蛋酱。

红醋冻酱

菰田欣也

● 适合搭配海蜇、冷面等冷菜。
● 冷藏可保存三天。

使用温和的红醋制成，宛如红宝石的冻状酱料。

材料

A | 红醋…120ml
　 | 水…120ml
　 | 酱油…40ml
　 | 砂糖…20g
　 | 泰国鲜酱油精…5ml
　 | 明胶…12g
　 | 水…30ml

1 将明胶用泡发后，蒸至融化。
2 将材料 A 倒入锅中加热至沸腾后关火，加入融化的明胶中。
3 倒入容器中，放进冰箱冷藏至凝固。

* 下方的料理中为装盘美观，在凝固前就将一部分酱汁倒入了食器中，剩余的部分倒入了裱花袋中冷藏至凝固。

◎ 红醋冻酱凉拌海蜇

材料（3 人份）
海蜇…60g
芹菜…20g
糖醋生姜…5g
莳萝叶…适量
盐、芝麻油…各少许
红醋冻酱…适量

1 在红醋酱尚未凝固前先倒出一杯在食器中，剩余的装入裱花袋中放入冰箱冷藏至凝固。
2 锅中倒入水和咸海蜇，将煮沸后关火，在热水中泡至海蜇变软膨胀，用凉水冲淡盐分。
3 芹菜去皮，竖切丝，糖醋生姜切丝。
4 将步骤 2 中的海蜇用盐与芝麻油腌制入味，与步骤 3 的材料一起盛入步骤 1 中的食器中，再用裱花袋中已凝固的红醋冻酱在海蜇周围挤上一圈酱料，最后用莳萝叶装饰。

桂花陈酒酱

菰田欣也

● 加热后用于甜点。煮至略带黏稠，光泽诱人。

● 一般即用即做，也可事先预备好。

使用了桂花酱（糖煮金桂花）与桂花陈
酒制作而成的甜美酱料。

材料（2人份）
桂花酱…两大勺
桂花陈酒…两大勺
蜂蜜…1大勺
麦芽糖…1大勺
水…1大勺

1 将桂花陈酒煮至酒精蒸发。
2 所有材料倒入锅中煮沸。

◎ 枣酿年糕配金桂花酱

材料（2人份）
干红枣…10个
冻糯米粉…30g
糯米粉…20g
热水…90ml
桂花陈酒酱…上述分量
柠檬薄片…1片
玫瑰花…1朵
莳萝…少许

1 大枣纵向切开去核。
2 冻糯米粉与糯米粉混合，加入热水搅拌均匀后
  做成年糕。
3 将年糕塞入红枣中，蒸10分钟制成枣酿年糕。
4 金桂花酒酱重煮沸，加入枣酿年糕继续煮。
5 煮至带有些微黏稠感后装盘，装饰上柠檬、玫
  瑰花与莳萝。

┃韩国料理酱料

酱油酱汁

金顺子

● 适合做烤肉的蘸汁，或蔬菜、炒肉、炖煮食品的调味酱汁，用途广泛。
● 冷藏可保存一个月左右。

添加了三温糖与水果的甘甜以及红酒风味，万能的酱油酱汁。

材料
酱油…400ml
红酒（甜味）…50ml
酒…10ml
味醂…30ml
三温糖…150g
A｜ 苹果汁（100%果汁）…50ml
　｜ 菠萝汁（100%果汁）…50ml
　｜ 香蕉（完全成熟，剥皮）…1根

1 将材料 A 倒入搅拌机中打碎，装入大碗中。
2 将步骤1的材料与其他所有材料混合均匀即可。

◎ 韩式烤牛五花

材料（2人份）
牛五花肉…120g
A｜ 酱油酱汁…150ml
　｜ 大蒜末…少许
　｜ 芝麻油…1大勺
　｜ 黑胡椒…少许
　｜ 猕猴桃苹果酱（见P149）…1大勺
芥末末…适量
大葱…适量
B｜ 盐、砂糖、苹果醋、芝麻油…少许
　｜ 万能葱末…少许

1 大葱切丝后在水中浸泡后沥干水分，与材料 B 混合均匀牛肉切厚片，与材料 A 一同倒入大碗中，腌制约 5 分钟。
2 将腌过的牛肉在烤架上烤熟。
3 装盘，添附上芥末末与葱丝。

猕猴桃苹果酱

金顺子

● 适合做为烤肉的腌料。
● 冷藏可保存三四天。

用来腌肉可使肉变软，苹果可以中和猕
猴桃的酸味。

材料
猕猴桃、苹果…各1个

将猕猴桃和苹果去皮后一同放入搅拌机搅拌。

◎ **盐烤猪肉**

材料（2人份）
猪五花肉（5mm厚片）…150g~200g
A | 猕猴桃苹果酱…1大勺
 | 大蒜末…1小勺
 | 芝麻油…2大勺
炒盐（韩国粗盐放入研臼中捣碎）…1/2小勺

1 将材料A倒入大碗中，放入猪肉用手抓揉均匀，
  腌制约5分钟。
2 猪肉在烤架上烤熟。
3 装盘，炒盐和芝麻油装在小碟中作为蘸料。

韩式辣酱

金顺子

- 适合做炖煮、烧烤鸡肉、猪肉的调料。也可做泡菜炒猪肉的调料。
- 冷藏可保存一周。

辣味非常美味，适合做炖煮料理的调料。

材料

酒…100ml
味醂…200ml
苦椒酱…$1\frac{1}{2}$大勺
酱油…两大勺
芝麻油…两大勺
大蒜末…少许
粗磨辣椒粉…1小勺

将所有材料混合均匀即可。

◎ 韩式鸡肉蔬菜锅

材料（2人份）
鸡肉（腿肉或胸肉）…150g~200g
土豆…1个
胡萝卜…1/3根
小洋葱…两个
大葱…4cm长×4段
韩式辣酱…上述分量

1 将鸡肉切成适口大小，土豆去皮切成1cm厚的片，胡萝卜去皮切成厚片，小洋葱去皮。
2 与韩式辣酱一起火煮沸，搅拌均匀，盖上锅盖继续煮10~15分钟。关火前放入大葱，盖上锅盖继续煮制片刻。

蛋黄酱

金顺子

● 适合做蔬菜沙拉的酱料。
● 极易变色，即用即做。

用常见调料制作的美味沙拉酱。

材料
蛋黄酱…3大勺　　砂糖…1大勺
芝麻油…1大勺　　大蒜末…少许
酱油…1大勺

将所有材料混合均匀即可。

◎ **脆爽绿色沙拉**

材料
壬生菜、芝麻菜、苦苣…各适量
蛋黄酱…适量

蔬菜可根据喜好选择，切成适
口大小，在水中浸泡后沥干水
分，用蛋黄酱拌匀即可。

松子酱

金顺子

● 适合搭配蒸煮的肉类、蔬菜食用。
● 极易变色，即用即做。

使用了大量松子制作的棒棒鸡风味调料。

材料
A｜松子…50g
　｜酱油…1大勺
B｜芝麻油…1大勺
　｜芥末末（用水化开）…1大勺
　｜砂糖…1小勺
　｜味醂…1大勺
　｜酱油…1大勺

1 将材料A放入研臼中捣碎。
2 加入材料B搅拌均匀。

◎ **松子味棒棒鸡**

材料（2人份）
鸡肉（腿肉或胸肉）…200~250g
松子酱…适量
葱末（大葱末与万能葱末混合均匀）…少许

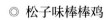

1 鸡肉煮熟或蒸
熟，剔骨用手
撕成鸡丝。
2 加入松子酱调
拌，再加入葱
末拌匀即可。

韩国醋酱油

金顺子

● 适合浇淋在鲣鱼或金枪鱼的红肉上食用。
● 冷藏可保存三四天。

盐汁鱼露非常适合用在口味清爽的鱼酱中。

材料
醋…4大勺
酱油…两大勺
味醂…1大勺
盐汁鱼露…1大勺
白芝麻碎…少许
粗磨辣椒粉…少许

将所有材料混合均匀即可。

◎ 鲣鱼沙拉

材料
鲣鱼（刺身用）…适量
蘘荷草丝…适量
青紫苏叶丝…适量
韩国醋酱油…适量

鲣鱼切厚片，与蘘荷草、青紫苏叶
一同装盘，浇淋上韩国醋酱油。

可乐苦椒酱

金顺子

● 适合搭配苹果，也可搭配新鲜蔬菜或蒸蔬菜食用。
● 冷藏可保存一周。

可乐与苦椒酱的有趣结合。口味清爽的
一款酱料。

材料
可乐…100ml
柠檬汁…1个柠檬的量
砂糖…两大勺
苹果醋…1大勺
酱油…两大勺
大蒜末…少许
苦椒酱…2~3大勺

将所有材料混合均匀即可。

*苦椒酱的量可根据喜好调整。两大勺是不太浓的口味。

◎ 苹果小点心

材料（1人份）
苹果…适量
A | 可乐苦椒酱…两大勺
　 | 芝麻油…1小勺
　 | 白芝麻碎…少许
　 | 粗磨辣椒粉…少许

苹果去皮，切成1.5cm宽的条，在盐水中浸泡后沥干水分。材料
A在大碗中混合后，均匀裹在苹果条上。

*放置会析出水分，食用前再调拌。

越南、泰国料理酱料

越南鱼露汁

铃木珠美

● 适合做生春卷或油炸食品的蘸汁，也可加入橄榄油等做沙拉酱。
● 冷藏可保存三四天。

越南的基础鱼露，南部胡志明地区喜爱的酸甜口味，用途广泛。

材料
越南鱼露（也可使用泰国鱼露）…两大勺
柠檬汁…3大勺
砂糖…3大勺
水（最好用矿泉水）…两大勺
大蒜末…1小勺
* 红辣椒末…1/2根

* 最好使用泰国产的生红辣椒，也可以使用一般的生红辣椒或青辣椒。

将所有材料倒入大碗中搅拌至砂糖融化。

* 如果要做上述三四倍的分量，则先用水将砂糖煮化成糖水，放凉后再加入其他材料中拌匀。

◎ **油炸春卷**

材料（15个春卷的量）
肉馅
A｜猪肉绞肉…150g
　｜蟹肉罐头…50g
　｜蛋液…1/2个
　｜绿豆粉丝（干）…10g
　｜干木耳…3g
　｜红洋葱末…1/4个的量
　｜大蒜末…1/2瓣的量
　｜盐…1/2小勺
　｜粗磨黑胡椒…少许
* 河内米纸（20cm见方）…15张
紫叶生菜、薄荷、香菜…各适量
色拉油…适量
越南鱼露汁…适量

* 河内米纸非常薄，无须过水即可使用。越南食材店均有销售，也可使用普通的越南米纸（直径22cm），切成两半后过水再使用。

1 制作肉馅。粉丝、木耳用水泡发。粉丝泡至能剪断的软硬程度时用剪刀或菜刀剪或切成1cm的小段。木耳去根后切末。
2 将A中所有材料放入大碗中用手拌匀。
3 将米纸放在砧板上，在右半边涂上少许水，将左半边反转竖着对折，舀一大勺步骤2中做好的馅料，在米纸上摆成5cm长的细长形，将米纸卷起，卷至还剩4~5cm长时，将两边的米纸向内折平，然后继续卷完剩下的米纸。卷边朝下放。共制作15个这样的春卷。
4 将步骤3中卷好的春卷摆放在平底锅中，倒入约3cm深的色拉油，中火油炸。中间复炸一次，慢慢炸成整体呈焦黄色。
5 将炸好的春卷装盘，添附上紫叶生菜、薄荷、香菜、越南鱼露汁。食用时，用紫叶生菜包裹上香草和春卷，蘸取越南鱼露食用。

双色萝卜丝鱼露

铃木珠美

● 适合搭配油炸食品食用。
○ 即用即做。

鱼露加上白萝卜与胡萝卜制成的越南南部风味酱汁。

材料
白萝卜丝…100g
胡萝卜丝…50g
盐…1/2小勺
越南鱼露汁（见P154）…适量

白萝卜丝与胡萝卜丝用盐腌制10分钟，发蔫后用水清洗掉盐分，再用手挤干多余水分，加入到越南鱼露汁中。

◎ **越南煎饼**

以米粉为主制成有嚼劲的饼皮，加上满满的豆芽与虾仁。

材料（4人份。用直径24cm的平底锅可制作2张）
虾…8只
酒…1大勺
盐…少许
拌豆芽
 豆芽（去根）…300g
 盐…1/2小勺
 芝麻油…$1\frac{1}{2}$小勺
 煎白芝麻…两小勺
饼坯
 米粉（台湾产，可用优质米粉代替）…70g
 面粉…30g
 盐…少许
 姜黄…少许
 细葱末…3根的量
 水…$1\frac{1}{4}$杯
紫叶生菜、青紫苏叶、薄荷、香菜…各适量
双色萝卜丝鱼露…适量
米糠油…适量

1 虾去除虾线，用加了酒和盐的开水焯熟，放凉后剥壳。
2 制作拌豆芽。锅中倒入刚好没过豆芽的水，大火煮沸后沥干水分。趁热加入盐、芝麻油、煎白芝麻拌匀。
3 在带嘴的量杯中倒入饼坯的材料，用打蛋器搅拌均匀。
4 平底锅倒入少许米糠油，中高火加热后，将步骤3中的面糊再次搅拌均匀，倒入一半，摊一张薄饼。待饼皮表面开始边变干后，在饼坯和锅底间再倒入三四大勺米糠油。
5 用锅铲不时按压饼坯，以防鼓泡，煎至饼皮两面焦黄酥脆后，倒掉多余的油，半边放一半的拌豆芽与虾仁，对折饼皮。
6 将步骤5中的煎饼装盘，搭配蔬菜与双色萝卜丝鱼露。将煎饼切成适口的大小，用紫叶生菜卷起煎饼与香草，蘸取酱汁食用即可。

香酱

铃木珠美

● 适合搭配水煮蔬菜或肉类、凉拌豆腐、蒸鱼、炸鱼等各类食材。
● 冷藏可保存三四天。

一款以鱼露为底，加入了许多切成细末
的香味蔬菜制作而成的酱料。

材料
生姜末…1块
大葱末…1/4根
香菜末…10根
万能葱小段…1/4把
越南鱼露汁（见P154）…1/4杯
辣味番茄酱…两小勺
芝麻油…1/2大勺
白芝麻…1大勺

将所有材料倒入大碗中搅拌均匀即可。

◎ 水煮猪肉配香酱

材料（4人份）
猪五花肉块…300g
茉莉花茶包…1个
盐…1小勺
紫叶生菜、青紫苏叶、黄瓜细丝、万能葱细丝、香菜…适量
香酱…适量

1 在锅中倒入刚好没过猪肉的水，煮沸后将水倒掉。再倒入
   等量的水，加入茉莉花茶包与盐一起开火煮至沸腾后转为
   中火，煮30分钟左右。
2 猪肉切成5mm的厚片装盘，搭配蔬菜和香酱。将猪肉与
   其他蔬菜放在紫叶生菜上，淋上香酱后将生菜卷起食用。

莳萝蛋黄酱

铃木珠美

● 适合搭配鱼类料理或油炸食品，也可用做越南的鲑鱼三明治的酱料。
● 冷藏可保存三四天。

在蛋黄酱中加入与蛋黄酱绝配的莳萝。
越南北部的人经常食用莳萝。

材料
蛋黄酱…40g
莳萝末…5g
柠檬汁…两小勺
越南鱼露（也可使用泰国鱼露）…1/2小勺

将所有材料混合均匀即可。

◎ **越南炸鱼**

材料（2人份）
旗鱼（净肉）…1大块
盐、胡椒粉…各适量
面粉、蛋液、莳萝面包粉（在40g干面包粉中加入
5g切碎的莳萝混合而成）…适量
A｜紫叶生菜、薄荷、罗勒、米纸（过水）…适量
　　莳萝蛋黄酱…适量
色拉油…适量

1　旗鱼切成1.5cm方的条状，用盐和胡椒粉腌制
　后，依次裹上面粉、蛋液、莳萝面包粉，在
　170℃的油锅中炸制酥脆。
2　将步骤1中的炸鱼条装盘，搭配材料A。将蔬菜、
　香草、炸旗鱼放在米纸上，淋上莳萝蛋黄酱后
　卷起食用。

花生碎芝麻盐

铃木珠美

● 适合搭配绿色蔬菜，以及煮软的萝卜、胡萝卜、牛蒡、莲藕等，撒在在红小豆糯米饭上食用也很美味。
● 装在有干燥剂的瓶中可保存一个月左右。保质期较长，可多制作一些存放起来。

用水煮蔬菜蘸取食用，与日式芝麻拌菜的风味很相似。

材料（2人份）
白芝麻碎、花生碎…各两大勺
砂糖…1/3小勺
盐…1/4小勺

混合均匀。

◎ 水煮空心菜配花生碎芝麻盐

材料（2人份）
空心菜…一把
花生碎芝麻盐…上述分量

将空心菜切成适口长度，在加少许盐的开水中焯熟，沥干水分后装盘。另取一个小碗装上花生碎芝麻盐，用空心菜蘸取食用。

* 根茎类蔬菜要保证能趁热食用，蔬菜连同焯菜用的开水也一同端上桌。

黄油砂糖

铃木珠美

● 搭配炸土豆食用。
● 即用即做。

用咸味的炸土豆蘸取食用，美味到不可思议。

材料（1人份）
黄油（有盐，常温放置一段时间）…10g
砂糖…1小勺

一同盛入小碟中。

◎ 越南炸土豆

材料（2人份）
土豆（男爵）…两大个
盐…1½大勺
色拉油…适量
黄油砂糖…上述分量的2倍

1 盐溶在400ml水中。
2 土豆去皮，切成波浪状的薄片，在盐水中浸泡20~25分钟。
3 土豆片沥干水分，在170℃的油锅中炸至酥脆后装盘。蘸取黄油砂糖食用。

酸橙（柠檬）椒盐酱

铃木珠美

● 适合搭配蒸鸡肉、虾、蟹、虾蛄、生海胆、油炸食品。
● 即用即做。

越南的人气蘸料。酸橙的风味十分清爽。

材料（1 人份）
盐、黑胡椒碎⋯各适量
酸橙（或柠檬）⋯1/6~1/8个

根据喜好将适量的盐和黑胡椒倒入小碟中，将酸橙切块摆在一旁。食用前挤出柠檬汁拌匀。

◎ 蒸鸡蒸虾配酸橙（柠檬）椒盐酱

材料（2-3 人份）
蒸鸡
　鸡腿肉⋯1块（约250g）
　生姜⋯1块
　酒、盐⋯各适量
酸橙叶⋯2~3片
酒蒸虾
　虾⋯6只
　酒⋯适量
酸橙（柠檬）椒盐酱⋯适量

1 制作蒸鸡。生姜去皮切成五六片薄片。

2 在方平底盘中注入酒，放入鸡肉，将生姜片放在鸡肉上。

3 蒸锅中水烧至沸腾，加入盐（按每升水加两大勺盐的比例，这样蒸出的鸡肉颜色比较白）。放入步骤2中的方平底盘，蒸制 10~15 分钟。

4 将步蒸好的鸡肉沥干多余水分，切成适口大小装盘。摆放上切成丝的酸橙叶。

5 制作酒蒸虾。锅中放入虾与酒，盖上锅盖开火蒸至颜色鲜亮。

6 酸橙（柠檬）椒盐酱盛在小碟中，用鸡肉和虾蘸取搅拌好的蘸料食用。

香菜青酱

铃木珠美

● 适合做蔬菜沙拉的酱料，以及肉类、鱼类料理的蘸料，也可作为意面酱。
● 冷藏可保存三四天。

香菜风味浓郁的越南版青酱。

材料

A	香菜（茎与根）…60g	花生油（或米糠油）…1/2杯
	*香菜其余部分用在沙拉中。	黄油花生…20g
		越南鱼露汁（见P154）…150ml

将A中的材料倒入搅拌机中打成糊，加入越南鱼露汁继续混合。

◎ 香菜沙拉

一道全由香菜构成的沙拉，喜欢香菜的人定会非常钟情。

A	油炸洋葱（市面销售的商品均可）…适量
	香菜籽碎（也可用粉）…少许
	新鲜腌渍香菜籽（自制，也可不添加）…1~2小勺

材料（4人份）
香菜…两把（120g）
*香菜青酱…适量

* 120g 香菜中取一半用来制作香菜青酱。

香菜切成3cm长的小段，倒入大碗中，加入适量的香菜青酱调匀后装盘，洒上A即可。

蛋黄鱼露酱

铃木珠美

● 适合搭配圆白菜、白灼绿色蔬菜、西蓝花、白菜等。
● 即用即做。

在越南鱼露中加入水煮蛋的蛋黄，将蛋黄搅碎后，鱼露的咸味会被冲淡，美味提升。越南北部地区搭配白灼蔬菜的一款酱料。

材料（3-4人份）
越南鱼露、水…各两大勺
砂糖…少许
水煮蛋蛋黄…两个

将越南鱼露、水和砂糖一起放入小碟中，加入水煮蛋蛋黄，食用时将蛋黄捣碎。

◎ 白灼圆白菜

圆白菜（3~4人可食用1/4个）切成大块，用开水中、焯熟（注意不要焯得过软）。沥干水分后装盘，搭配蛋黄鱼露酱。将蛋黄捣碎搅拌均匀，用圆白菜蘸取食用。

蘑菇高汤酱

铃木珠美

● 适合做蘑菇汤锅的蘸料，作料中加入汤锅高汤制作而成。
● 即用即做。

越南河内地区的蘑菇汤锅蘸料。添加了花生的浓香与佐料的风味的芝麻酱。

材料（1 人份）

（作料）

A｜ 生姜末…1/4小勺
　　大蒜末…1/4小勺
　　香菜末…1大勺
　　一味辣椒粉…少许
　　白芝麻碎…1大勺
　　花生粉…1大勺
　　盐…1/4小勺
　　砂糖…适量
蘑菇高汤（见下文步骤5）…50ml

将A中的佐料倒入小碗中，加入蘑菇高汤混合。

◎ 蘑菇汤锅

材料（2 人份）

食材

　　去根金针菇…1把
　　杏鲍菇片…两根的量
　　绣球菇…1盒
　　猴头菌…1盒
　　去根丛生口蘑…1盒
　　去根香菇…4个
　　生菜…1/2个
　　水芹…1把
　　壬生菜长段…1/3把
　　猪五花肉（火锅用）…100g

高汤（便于制作的量）

　　鸡架…两只
　　生姜…1块
　　盐…3~4小勺
　　砂糖…1大勺

蘑菇高汤酱的佐料…上述分量（一人份）

1 制作汤锅的高汤。鸡架焯一遍水，清洗去血水。
2 将步骤1中的鸡架与生姜加水煮至沸腾，撇去浮沫，小火煮制三四十分钟。
3 将步骤2中的鸡架汤用过滤，加入盐和砂糖做成高汤。
4 将食材中的蘑菇切成或撕成适口大小，与蔬菜和猪肉分别装盘，酱料的佐料也盛在小碗中。
5 高汤倒入砂锅中，在餐桌上的炉子上加热。水开后先加入蘑菇煮5~10分钟，待蘑菇的鲜香融入汤中，制成蘑菇高汤。
6 在装有酱料佐料的小碗中加入蘑菇高汤（一人份加入50ml），制作蘸汁。在步骤5中的汤锅中加入蔬菜与肉煮熟，蘸取蘸料食用（锅中的蘑菇也是同样吃法）。

青木瓜沙拉酱

铃木珠美

- 适合用来调拌青木瓜或萝卜等食用。也可做油炸食品的蘸汁。
- 冷藏可保存一周。

青木瓜制作的泰式沙拉酱。

材料（2人份）
大蒜薄片…1片
泰国红辣椒段…1~2根
砂糖…$1\frac{1}{2}$大勺
柠檬汁…$1\frac{1}{2}$大勺
泰国鱼露…$1\frac{1}{2}$大勺

将所有材料混合均匀即可。

* 这里用的是泰国产的生红辣椒，也可以使用一般的生红辣椒或青辣椒。

◎ 泰式青木瓜沙拉

材料（2人份）
青木瓜…1/2个
明矾水…适量
菜豆…4根
小番茄…5个
樱虾…1大勺
油炸洋葱（市售均可）…两大勺
花生碎…4大勺
香菜…适量
青木瓜沙拉酱…上述分量

1 青木瓜挖出种子，剥皮。擦成丝，在明矾水中浸泡10分钟，用清水冲净，沥干水分。
2 菜豆切成3cm长的段，小番茄去柄切两半。
3 将步骤1、2与其他材料放入大碗中混合均匀。
4 装盘，添附上油炸过的虾片（泰国产）。

* 将沙拉盛在虾片上食用。
* 菜豆可以将放在泰国的石研钵中捣碎，再加入小番茄、木瓜以及其他材料捣碎，味道混合得更加均匀。

罗勒小炒酱汁

铃木珠美

● 适合在鸡肉、猪肉、牛肉、蔬菜等各式炒菜中使用。
● 冷藏可保存一两周。

泰式代表风味罗勒小炒中使用的各种调
料混合制作而成。

材料（2人份）
蚝油酱…3/4小勺
泰国鱼露（或越南鱼露）…1大勺
砂糖…1/2小勺

混合均匀即可。

◎ **罗勒炒鸡**

加入大蒜、香菜根、红辣椒，泰式风情十足。

材料（2人份）	三味香辛料
鸡腿肉…150g	大蒜…1片
洋葱…1/4个	香菜根…2~4根
青椒…1个	生红辣椒（最好是泰国
红甜椒…1个（或1/4	红辣椒）…2根
个红辣椒）	罗勒小炒酱汁…上述分量
甜罗勒…30g	色拉油…1大勺

1 鸡肉切1.5cm的丁，洋葱切1.5cm宽的月牙形，青椒与红甜椒斜着切成菱形。
2 香菜根去须，大蒜去芯，与红辣椒一起放入研臼中捣成糊状（或用刀剁成末）。
3 步骤2中的香料用色拉油炒香后加入鸡肉翻炒，加两大勺水煮至入味。
4 加入洋葱、青椒、红甜椒翻炒，加罗勒小炒酱汁调味，再加入甜罗勒翻炒片刻。
5 装盘，可再另取一点罗勒叶做装饰。

*步骤2中香料糊可在有材料时多做一些，铺在保鲜膜上，在冰箱中冷冻成板。使用时切下需要的量即可。

鱼露酱

铃木珠美

● 适合搭配油炸食品食用。或用来腌渍根茎类蔬菜。也可用来调拌粉丝或蔬菜做粉丝沙拉。
◐ 冷藏可保存一周。

越南鱼露加上甜、辣、酸三味，是一款万能酱料。

材料

越南鱼露（也可使用泰国鱼露）…$2\frac{1}{2}$大勺
甜辣番茄酱…2大勺
柠檬汁…$1\frac{2}{3}$大勺
砂糖…1大勺
香菜末…5根的量
香茅末…1/2根的量

将所有材料混合均匀即可。

◎ 鱼露炸鸡翅

材料（2人份）
鸡翅（翅根、翅中、翅尖均可）…6块
鱼露酱…上述分量
色拉油…适量
紫叶生菜、香菜…适量

1 将鱼露酱的调料在大碗中混合均匀。
2 鸡翅用140℃的油炸10~15分钟，炸至酥脆后裹上步骤1中的鱼露酱。
3 盛在铺有紫叶生菜的食器中，摆上香菜。

主厨介绍

古屋壮一

1975年出生于日本东京。从厨师学校毕业后，曾在新宿的Keio Plaza Hotel、广尾的"Aladdin"、八王子的"Mommoranji"等店工作。26岁远渡法国，在法国巴黎等地辗转多家餐饮店苦心修行。归国后在"BISTRO DE LA CITE"（位于东京西麻布）任主厨5年，后于2009年11月在白金台开办了"REQUINQUER"。古屋先生在传统经典的法式料理技法中加入了自身的精妙创新，力求做出符合现代审美的色香味俱全的法式料理。

REQUINQUER
东京都港区白金台5-17-11
TEL 03-5422-8099

和知徹

1967年出生于日本兵库县淡路岛。高中毕业后进入辻厨师专科学校学习，第二年赴法研修半年，紧接着又在法国勃艮第的一星餐厅工作。归国后进入"Hiramatsu Restaurant"工作，期间又赴巴黎的一星餐厅研修，再次归国后就任"Hiramatsu Restaurant"旗下的"Aporineru"餐厅的厨师长。离职后，于1998年在银座"Grape Gumbo"任厨师长3年。2001年独立出来，开办了"Mardi Gras"（位于东京银座），专营豪迈而分量大的法式料理，其中以肉类料理最为有名，但蔬菜料理也是公认的美味。

Mardi Gras
东京都中央区银座8-6-19 B1（临街）
TEL 03-5568-0222

有马邦明

1972年出生于日本大阪。厨师学校毕业后，于1996年远赴意大利。先后在伦巴第、托斯卡纳地区研修两年。归国后在东京、千叶的意大利料理店任主厨。2002年在东京门前仲街开办了"Passo a Passo"。有马先生热爱富含人情味的居民街，积极参与街道活动，还在祭典中参与抬神轿。为寻找新鲜食材，他奔赴全国各地，倾听生产者的意见。此外他还参与自己种植大米。他对食材极致考究，尽最大可能提供最能展现当季风味的料理，因此集聚了大量人气。

Passo a Passo
东京都江东区深川2-6-1 Awazu大楼1F
TEL 03-5245-8645

吉冈英寻

1971年出生于日本东京。厨师学校毕业后，进入静冈县东伊豆地区的"Tsuruya Hotel"工作，此后又辗转神奈川县镰仓地区的怀石料理店"山椒洞"、东京新宿地区的日本料理店"虾夷御殿"、银座的河豚料理店"山田屋"等各式料理店修行。2000年在东京惠比寿开办了"NASUBITEI"。2012年店铺搬迁至距原址20m远的新店面，增加了30张桌位。2015年由于原址接道开发，第二次搬迁，于2016年开始在当前地址经营。

NASUBITEI
东京都涩谷区惠比寿南2-13-3
TEL 080-4622-0730（预约、咨询专用）
http://www.nasubitei.com

江﨑新太郎

1962年出生于日本东京。大学毕业后开始学习日本料理。先后东京、京都的料理店辗转修行，例如赤坂的日本料理店"山﨑"等。94年独立出来，在青山地区的骨董接到开办了日本料理店"青山江﨑"。2005年，店铺搬迁至外苑前。其料理的基础为初期研修中深入骨髓的京都怀石料理的技法，但江﨑先生也在自身的料理技法中融和了关东地区的日本料理以及世界各国的料理方法，开创了自成一派的"江﨑料理"，日益精进。在"米其林向导东京"中连续6年获得三星评价。2016年12月，"青山江﨑"遗憾终止营业。2019年9月搬迁至八岳山麓地区，更名为"八岳江﨑"。

八岳江﨑
山梨县北杜市大泉町谷户5771-210
TEL 0551-45-8707

菰田欣也

1968年出生于日本东京。在大阪的阿倍野辻厨师专科学校学习，在校期间遇到了陈建一先生。1988年进入赤坂四川饭店工作，跟随陈先生修炼厨艺。2001年起在Cerulean Towers东急酒店内的四川料理店陈涩谷店任厨师长。2004年出席第五届中国料理世界大赛。在个人热菜组获得金牌，开创日本厨师界先河。2009年获得日本中国料理协会"陈建民中国料理学会奖"，2011年获得"东京都优秀厨师知事奖"。2012年就任四川饭店集团董事总料理长。2014年就任公益财团法人日本中国料理协会专任理事。2017年退出四川饭店集团独自创业。在东京五反田开办了火锅店"Fire Whole 4000"，出席各式料理节目等，活跃于各种场合。著有《菰田欣也教你成为中餐名厨》（柴田书店出版）等。

Fire Whole 4000
东京都品川区东五反田1-25-19
TEL/FAX 03-6450-3384

金顺子

出生于韩国釜山。在东京赤坂这一韩国料理店竞争非常激烈的地区，她的餐厅"DONDONJU"也保持着超高的人气。她的料理不同于其他韩料店，以简约而富有情调，食材与摆盘均极致考究的美味料理而闻名，给食客以温馨而崭新的体验。金女士同样活跃于电视节目、杂志界等媒体。著书有《一碗酱料搞定韩国料理》（文化出版局出版）等。

DONDONJU
东京都港区赤坂3-6-13 Animato赤坂1F
TEL 03-5549-2141

Onganejuuban（姊妹店）
东京都港区麻布十番1-3-8 PLAZA102
TEL 03-3586-0200

铃木珠美

日本东京西麻布地区的越南料理店"kitchen."的店主。在越南生活过两年，跟随大厨及料理学者研修厨艺，回国后开办了"kitchen."。她的料理对蔬菜和香草的使用毫不吝啬，以细腻的审美打造料理，获得广泛好评，收获了大批越南料理粉丝，活跃于杂志和图书界。其简约易做却不失美味的料理获得了超高口碑。著书有《越南家常菜》（扶桑社出版），《第一款越南料理》（合著，柴田书店出版）等。

kitchen.
东京都港区西麻布4-4-12 新西麻布大厦2F
TEL 03-3409-5039
http://www.fc-arr.com/site/kitchen.html

Càfê Hai
东京都江东区三好4-1-1
东京都现代美术馆2F
TEL 03-5620-5962

图书在版编目（CIP）数据

201道酱汁及其料理 / 日本柴田书店编；李卉译. —北京：中国轻工业出版社，2023.6

ISBN 978-7-5184-2588-4

Ⅰ.①2⋯ Ⅱ.①日⋯②李⋯ Ⅲ.①调味品–基本知识 Ⅳ.①TS264

中国版本图书馆CIP数据核字（2019）第159005号

责任编辑：杨　迪　　责任终审：张乃柬　　整体设计：锋尚设计
策划编辑：高惠京　　责任校对：李　靖　　责任监印：张　可

出版发行：中国轻工业出版社（北京东长安街6号，邮编：100740）
印　　刷：北京博海升彩色印刷有限公司
经　　销：各地新华书店
版　　次：2023年6月第1版第4次印刷
开　　本：787×1092　1/16　印张：11
字　　数：200千字
书　　号：ISBN 978-7-5184-2588-4　定价：78.00元
邮购电话：010-65241695
发行电话：010-85119835　传真：85113293
网　　址：http://www.chlip.com.cn
Email：club@chlip.com.cn
如发现图书残缺请与我社邮购联系调换
230662S1C104ZYW